Mentor-Lernhilfe
Band 72

# Organische Chemie
## Teil 1: Basiswissen

Mit 37 Abbildungen

*Von Heribert Rampf*



Mentor Verlag München

**Quellenverzeichnis**

*Beyer H.* Lehrbuch der organischen Chemie Stuttgart 1973
*Christen H.R.* Grundlagen der organischen Chemie Frankfurt/Main 1975
*Fieser L./Fieser M.* Lehrbuch der organischen Chemie Weinheim 1957
*Gattermann/Wieland* Die Praxis des organischen Chemikers Berlin 1962
*Langenbeck/Pritzkow* Lehrbuch der organischen Chemie Dresden 1969
*Latscha/Klein/Mosebach* Chemie für Pharmazeuten Berlin 1977
*Mortimer C.E.* Chemie Stuttgart 1976
*Pauling L.* Chemie Weinheim 1956
*Römpp* Chemielexikon Stuttgart 1972
*Schülerduden* Die Chemie Mannheim 1976

Außerdem wurden die in der Bundesrepublik gültigen Lehrpläne und die für weiterführende Schulen genehmigten Schulbücher verwendet.

Illustrationen von Wolfgang Bamberger

Auflage: 5. 4. 3. 2. | Letzte Zahlen
Jahr: 1987 86 85 | maßgeblich


Druck: Druckhaus Langenscheidt, Berlin
Printed in Germany. ISBN 3-580-64720-2

# Vorwort

Organische Chemie – einst ein Spezialgebiet für Eingeweihte – ist heute notwendigerweise ein wichtiger Bestandteil der Allgemeinbildung, da sie uns bei den elementarsten Vorgängen des täglichen Lebens auf Schritt und Tritt begegnet. Ob wir an unsere Ernährung denken, die sich aus Kohlenhydraten, Proteinen und Fetten zusammensetzt, an moderne Waschmittel und Seifen, an Werkstoffe wie Kunststoffe, Kunstfasern, Kunstharze oder schließlich an unsere Energieträger Erdöl, Kohle, Erdgas, wir stoßen überall auf die organische Chemie. Auch um zu den hochaktuellen Fragen des Umweltschutzes kritisch Stellung nehmen zu können, sind wir auf grundlegende Kenntnisse auf diesem Gebiet angewiesen.
Der hier vorliegende Band soll nun das Basiswissen der organischen Chemie vermitteln, wobei sich Stoffauswahl und Stoffumfang an den derzeit gültigen Lehrplänen der verschiedenen Bundesländer für Hauptschulen, Realschulen und Gymnasien bis einschließlich 10. Jahrgangsstufe orientieren.
Zur Festigung und Ergänzung des erarbeiteten Wissens sowie zur Lernzielkontrolle dienen 333 Fragen und Übungsaufgaben. Die ausführlichen Antworten und Lösungen dazu sind in einem eigenen Kapitel zusammengefaßt.

*Heribert Rampf*

# Inhalt

# Inhalt

# 1. Abgrenzung der Organischen Chemie

Der große schwedische Chemiker Jöns Jakob Berzelius (1779–1848) bezeichnete alle chemischen Verbindungen aus dem tierischen und pflanzlichen Bereich als „organisch". Es schien unmöglich, „organische Verbindungen" künstlich im Labor herzustellen. Berzelius nahm deshalb an, daß solche Verbindungen nur in lebenden Organismen unter der Einwirkung einer geheimnisvollen Lebenskraft (lat: vis vitalis) gebildet werden können. Die Einteilung der Chemie in „Anorganische Chemie" und „Organische Chemie" findet so ihre historische Erklärung.
Friedrich Wöhler (1800–1882), einem Schüler von J.J. Berzelius, gelang es 1828, künstlich im Labor eine Verbindung herzustellen, von der man bis dahin annahm, daß sie nur unter dem Einfluß der „Lebenskraft" entstehen könnte.
Wöhler erhitzte die „anorganische Verbindung" Ammoniumcyanat und erhielt die „organische Verbindung" Harnstoff.

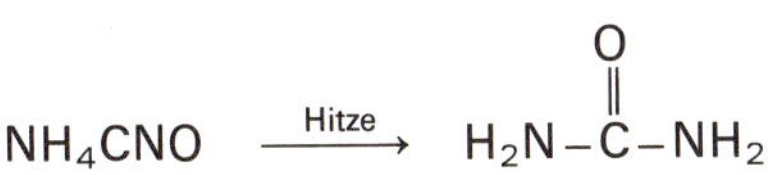


Ammoniumcyanat Harnstoff

Heute versteht man unter „Organischer Chemie" die Chemie der Kohlenstoffverbindungen. Sie ist das bei weitem umfangreichste Teilgebiet der Chemie.
Bis heute sind weit über 4 Millionen organische Verbindungen bekannt. Die Verbindungen aller übrigen Elemente zusammengenommen betragen nur einen Bruchteil dieser Zahl (etwa 100 000).

Die Vielzahl der organischen Verbindungen ergibt sich aus der Fähigkeit der Kohlenstoffatome, sich untereinander und mit anderen Atomen zu langen und verzweigten Ketten und zu Ringsystemen zu vereinigen. Hauptbindungspartner des Kohlenstoffs sind neben weiterem Kohlenstoff vor allem Wasserstoff, Sauerstoff, Stickstoff, Schwefel, Phosphor und Halogene.
Kohlenstoff hat auf seiner Außenschale 4 Elektronen (Ordnungszahl 6, 4. Hauptgruppe, 2. Periode im PSE). Durch Ausbildung von Atombindungen (*Elektronenpaarbindungen*) erreicht der Kohlenstoff eine stabile Edelgasschale (*Neonschale*). Der Kohlenstoff ist stöchiometrisch praktisch immer vierwertig.

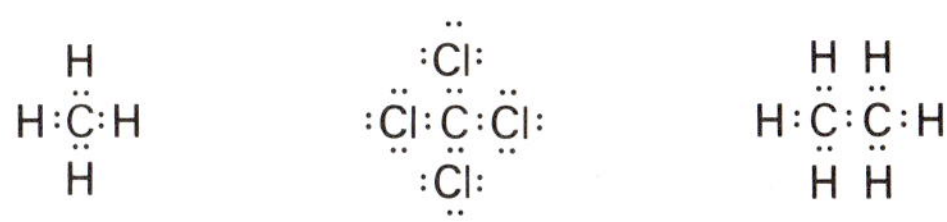

Methan Tetrachlorkohlenstoff Ethan

*Abb. 1*
*Beispiele für die Ausbildung von Edelgasschalen durch Atombindung*

Elementarer Kohlenstoff kommt in den zwei Modifikationen Diamant oder Graphit vor.

# 2. Elementarer Kohlenstoff

# 2.1. Diamant 2.2. Graphit

## 2.1. Diamant

Im Kristall des Diamanten ist jedes Kohlenstoffatom in regelmäßiger Anordnung von vier weiteren Kohlenstoffatomen umgeben, so daß diese jeweils die Ecken eines Tetraeders bilden. Die chemischen Bindungen zwischen den Kohlenstoffatomen sind hier jeweils Atombindungen (Elektronenpaarbindungen). Auf diese Weise erreicht jedes Kohlenstoffatom eine sehr stabile Elektronenanordnung (Elektronenschale des Edelgases Neon). Diamant ist der härteste aller bekannten Stoffe.

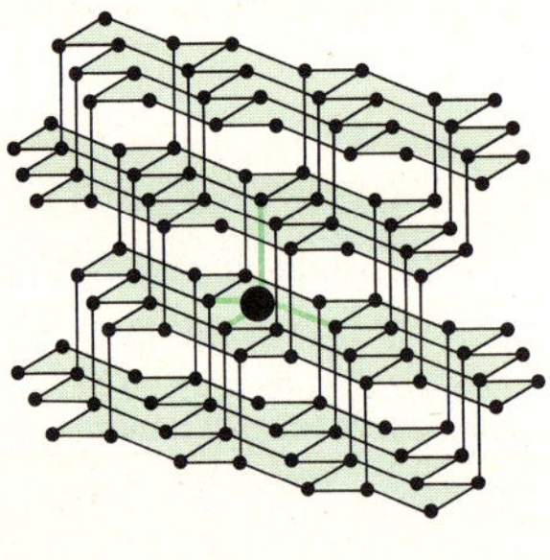

*Abb. 2 Diamantgitter*

## 2.2 Graphit

In der Kristallform des Graphit ist jedes Kohlenstoffatom von drei weiteren Kohlenstoffatomen umgeben, dabei bilden sich Schichten, die aus bienenwabenähnlich miteinander verknüpften ebenen regelmäßigen Sechsecken bestehen. Jeweils drei der vier Valenzelektronen eines Kohlenstoffatoms bilden innerhalb einer Schicht Atombindungen zu den Nachbarkohlenstoffatomen aus.
Die jeweils vierten Valenzelektronen der Kohlenstoffatome sind leicht beweglich zwischen den „Bienenwabenschichten" angeordnet. Durch die leichte Beweglichkeit dieser Elektronen zwischen den Schichten erklärt sich die gute Leitfähigkeit des Graphits für Wärme und elektrischen Strom (Vergleiche Elektronengas bei den Metallen!). Die einzelnen Schichten lassen sich leicht verschieben. Graphit ist deshalb weich und wegen der leicht aufeinander gleitenden Schichten kann Graphit als gutes Gleit- und Schmiermittel verwendet werden.

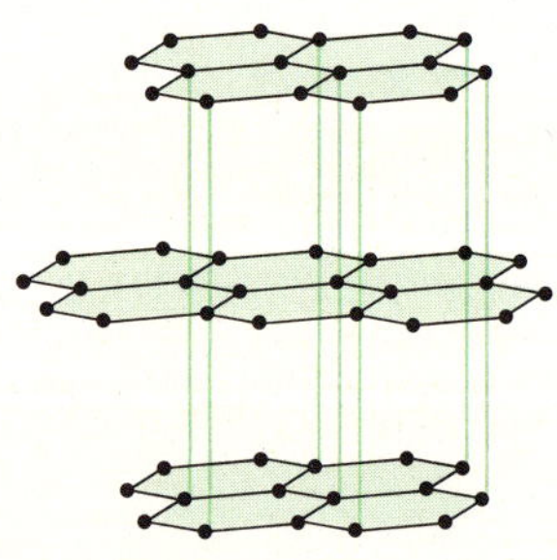

*Abb. 3 Graphitgitter*

***Aufgaben:***

1. Worin besteht der Unterschied zwischen anorganischer und organischer Chemie?
2. Was versteht man unter vis vitalis?
3. Wie läßt sich die Vielzahl organischer Verbindungen erklären?
4. Nennen Sie die häufigsten Bindungspartner des Kohlenstoffs in organischen Verbindungen.

# 3. Alkane
## 3.1. Geradkettige Alkane

*5.* Zeichnen Sie ein Modell des Kohlenstoffatoms, das die Besetzung seiner Elektronenschalen zeigt.
*6.* Warum ist Kohlenstoff fast immer vierwertig?
*7.* In welchen Modifikationen tritt elementarer Kohlenstoff in der Natur auf?
*8.* Beschreiben Sie die Bindungsverhältnisse und typische Eigenschaften der Kohlenstoffmodifikationen.
*9.* Warum kann man mit Diamant Glas „schneiden"?
*10.* Warum kann Graphit als Gleit- und Schmiermittel verwendet werden?

Alkane sind chemische Verbindungen aus Kohlenstoff und Wasserstoff (*Kohlenwasserstoffe*), wobei jedes Atom mit einem Nachbaratom durch **ein** Elektronenpaar verbunden ist. Kohlenwasserstoffe, bei denen zwischen den Kohlenstoffatomen nur Einfachbindungen vorkommen, nennt man gesättigte Kohlenwasserstoffe.

### 3.1. Geradkettige Alkane

Das einfachste Alkan ist das Methan, es hat die Summenformel $CH_4$. Ein Kohlenstoffatom ist hier mit vier Wasserstoffatomen verbunden. Die vier Wasserstoffatome sind so um das Kohlenstoffatom gruppiert, daß jedes einzelne Wasserstoffatom die Ecke eines Tetraeders besetzt.

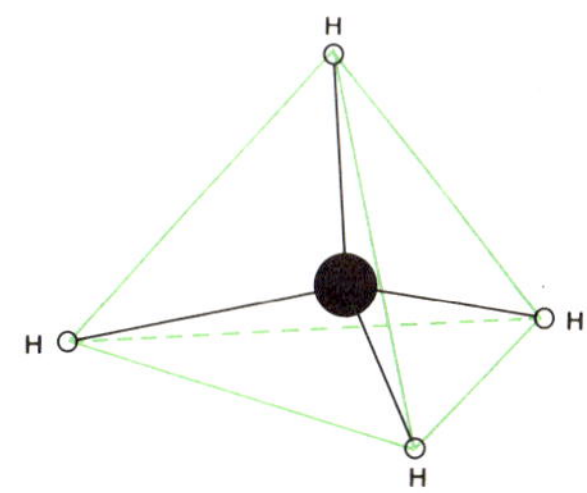


*Abb. 4 Tetraederstruktur des Methans*

Im Ethan (Summenformel $C_2H_6$) sind zwei Kohlenstoffatome durch **ein** Elektronenpaar verbunden, die übrigen Bindungselektronen der Kohlenstoffatome bilden wie beim Methan mit Wasserstoff Atombindungen aus.

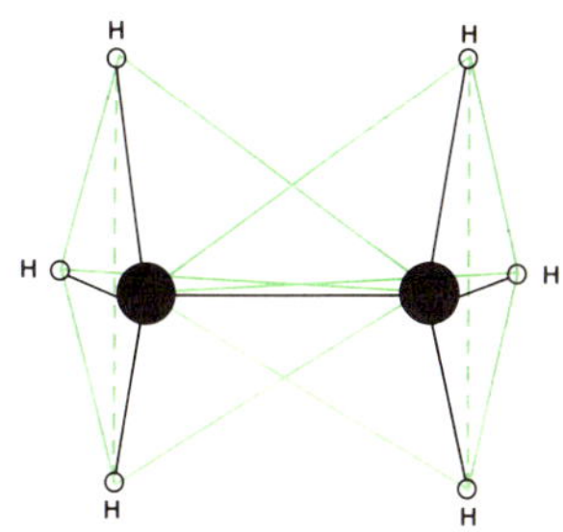


*Abb. 5*
*Struktur des Ethans. Zwei Tetraeder sind miteinander verbunden*

# 3. Alkane

## 3.1. Geradkettige Alkane

Beim Propan (Summenformel $C_3H_8$) bilden drei Kohlenstoffatome eine Kette, die übrigen Bindungen sind wie beim Methan und Ethan mit Wasserstoffatomen abgesättigt. Auch hier sind die Kohlenstoffatome tetraederförmig von ihren Nachbaratomen umgeben.

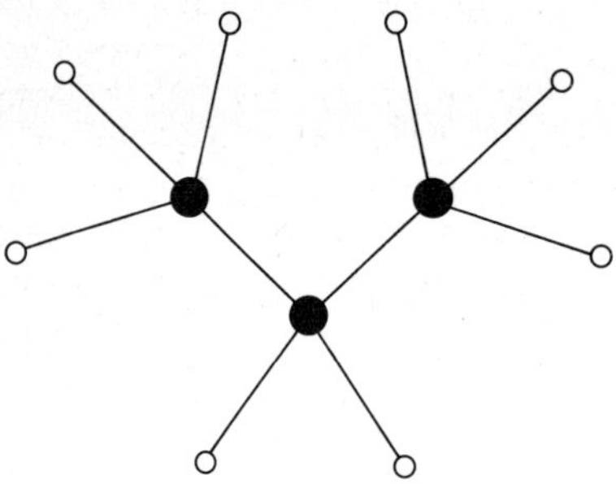

*Abb. 6*
*Im Propan sind drei Tetraeder miteinander verknüpft*

Fährt man in dieser Reihe fort, so ergibt sich als nächstes das Butan (Summenformel $C_4H_{10}$) mit einer Kette von vier Kohlenstoffatomen.

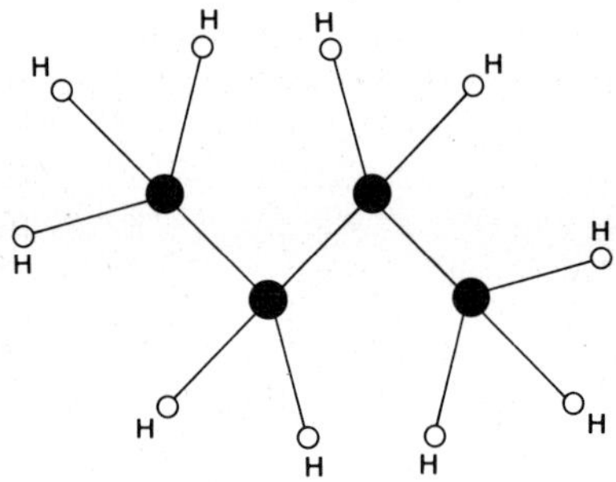


*Abb. 7*
*Struktur des Butan aus vier verknüpften Tetraedern*

Mit zunehmender Kettenlänge würde die Skizzierung der Strukturformeln immer komplizierter. Man hat deshalb zur Vereinfachung der Schreibweise die Strichformeln eingeführt:

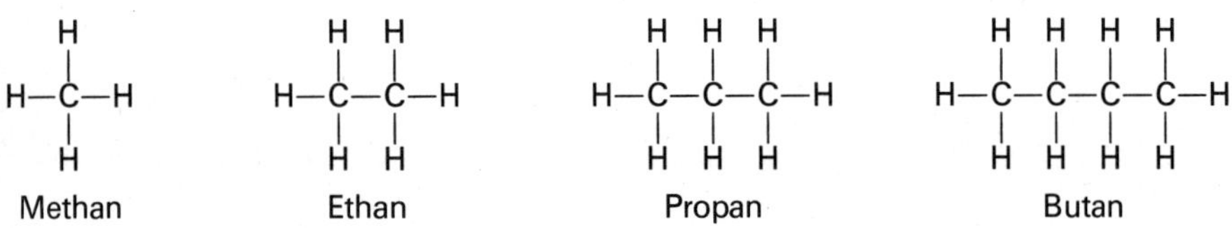


Jeder Bindungsstrich symbolisiert ein Elektronenpaar.
Beim Vergleich der Strichformeln ist leicht zu erkennen, daß sich jeder Kohlenwasserstoff vom Vorhergehenden um die Einheit $-\overset{H}{\underset{H}{C}}-$ unterscheidet. Diese Reihe ließe sich beliebig fortsetzen. Reihen verwandter chemischer Verbindungen, deren

Glieder sich nur durch —$CH_2$— Gruppen unterscheiden, nennt man homologe Reihen.

**Aufeinanderfolgende Glieder einer homologen Reihe unterscheiden sich nur durch eine –$CH_2$– Gruppe.**

Methan, Ethan, Propan, Butan sind die vier ersten Glieder der homologen Reihe der Alkane. Ab dem fünften Glied leitet sich die Namensgebung aus der Anzahl der Kohlenstoffatome ab, welche die zugrunde liegende Kohlenstoffkette bilden. Man verwendet dafür griechische Zahlwörter, an die man die Endung -an anfügt. Die nächsten Glieder der homologen Reihe der Alkane heißen also: Pentan, Hexan, Heptan, Oktan, Nonan, Dekan usw.

Für jedes beliebige Glied der homologen Reihe der Alkane gilt die **allgemeine Summenformel $C_nH_{2n+2}$**.

***Aufgaben:***

*11.* Was sind Alkane?

*12.* Was versteht man unter gesättigten Kohlenwasserstoffen?

*13.* Beschreiben Sie den Molekülbau des Methans.

*14.* Skizzieren Sie die Struktur des Butanmoleküls.

*15.* Was versteht man unter einer Strichformel?

*16.* Was ist eine homologe Reihe?

17. Wie erklären sich die Namen Pentan, Hexan, Heptan?

*18.* Wie lautet die allgemeine Summenformel der Alkane?

## 3.2. Verzweigtkettige Alkane

Versucht man aufgrund der Summenformel die Strichformel für die einzelnen Glieder der homologen Reihe der Alkane aufzustellen, so zeigt sich, daß vom Butan aufwärts verschiedene Strukturformeln möglich sind, die alle der gleichen Summenformel entsprechen. Je größer die Anzahl der Kohlenstoffatome ist, desto mehr verschiedene Strukturformeln können aufgestellt werden. Das Auftreten von Verbindungen mit gleicher Summenformel, aber unterschiedlicher Struktur nennt man **Isomerie**. Stoffe mit unterschiedlichem Molekülbau, aber mit gleicher Summenformel nennt man **Isomere**.

**Isomere besitzen die gleiche Summenformel, zeigen aber unterschiedlichen Molekülbau.**

Beim Butan sind zwei Isomere möglich:

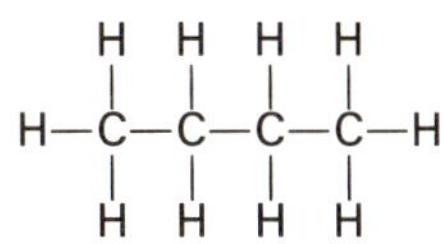

geradkettiges Butan
(n- Butan)

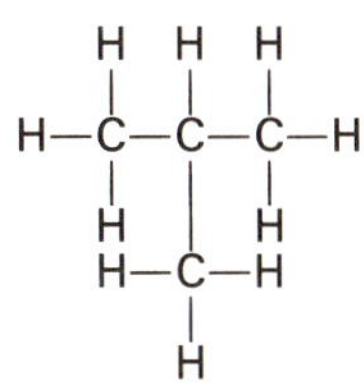

verzweigtkettiges Butan
(i- Butan)

# 3. Alkane

## 3.3. Ringförmige Alkane

Geradkettige, also unverzweigte Alkane bezeichnet man als normal-Alkane (abgekürzt n-Alkane). Die zugehörigen verzweigten Formen nennt man iso-Alkane (abgekürzt i-Alkane).

**Zahl der möglichen Isomeren bei Alkanen**

| Summenformel | Name | Isomere |
|---|---|---|
| $C_4H_{10}$ | Butan | 2 |
| $C_5H_{12}$ | Pentan | 3 |
| $C_6H_{14}$ | Hexan | 5 |
| $C_7H_{16}$ | Heptan | 9 |
| $C_8H_{18}$ | Octan | 18 |
| $C_9H_{20}$ | Nonan | 35 |
| $C_{10}H_{22}$ | Decan | 75 |
| $C_{15}H_{32}$ | Pentadecan | 4 347 |
| $C_{20}H_{42}$ | Eicosan | 366 319 |
| $C_{30}H_{62}$ | Triacontan | 4 111 846 763 |
| $C_{40}H_{82}$ | Tetracontan | 62 491 178 805 831 |

### 3.3 Ringförmige Alkane

Gesättigte Kohlenwasserstoffe können auch in Ringform vorkommen. Chemische Verbindungen, deren Strukturformel einen oder auch mehrere Ringe aufweisen, bezeichnet man als cyclische Verbindungen. Ringförmige, gesättigte Kohlenwasserstoffe nennt man Cycloalkane. Ein typischer Vertreter dieser Verbindungsklasse ist das Cyclohexan mit der Summenformel $C_6H_{12}$.

Diese vereinfachte Formel des Cyclohexans zeigt nicht seine eigentliche räumliche Struktur. Diese Verbindung ist nicht eben gebaut, wie man aus der Strichformel vermuten könnte. Ebenso wie bei den kettenförmigen Kohlenwasserstoffen sind

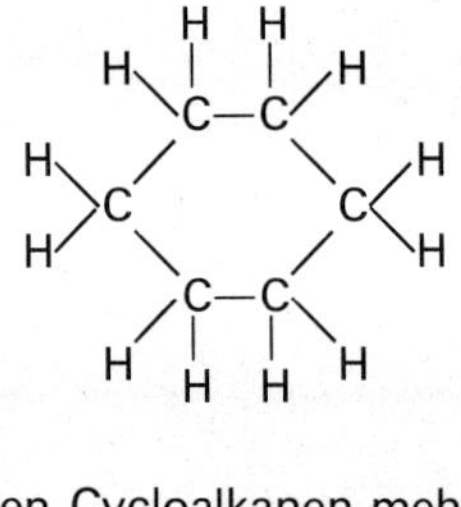

auch bei den Cycloalkanen mehrere Tetraeder miteinander verknüpft, dabei können sich unterschiedliche Strukturen ergeben.

# 3.3. Ringförmige Alkane Aufgaben

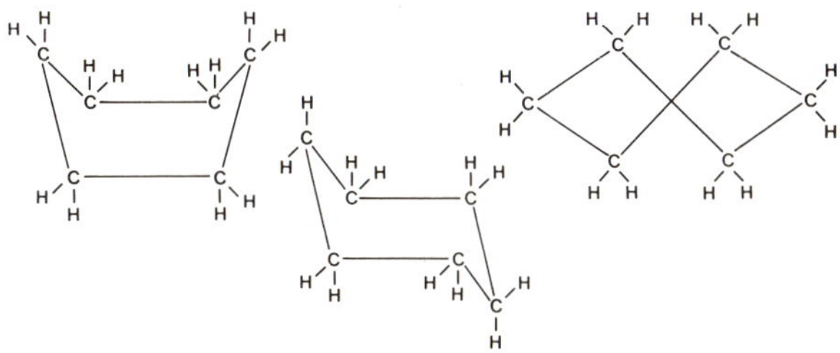

*Abb. 8*
*„Wannenform", „Sesselform" und „Twistform"*
*sind unterschiedliche räumliche Strukturen des Cyclohexans*

Das erste Glied der homologen Reihe der Cycloalkane ist das Cyclopropan, es folgen Cyclobutan, Cyclopentan, Cyclohexan, Cycloheptan usw. Die allgemeine Summenformel für die homologe Reihe der Cycloalkane lautet $C_nH_{2n}$.

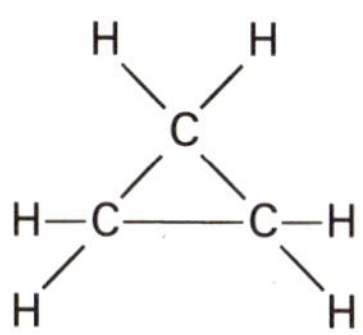

Cyclopropan

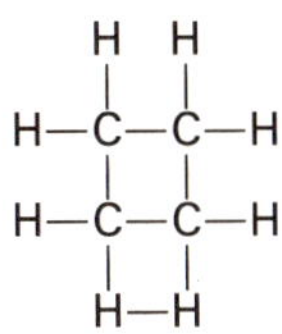

Cyclobutan

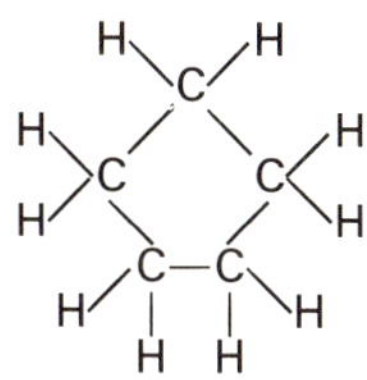

Cyclopentan

***Aufgaben:***

*19.* Was sind verzweigtkettige Alkane?
*20.* Erklären Sie am Beispiel des Pentans den Begriff Isomerie.
*21.* Was sind n-Alkane, was sind iso-Alkane?
22. Wovon hängt die Anzahl der möglichen Isomeren bei Alkanen ab?
*23.* Was ist ein Cycloalkan?
*24.* Beschreiben Sie die räumliche Struktur des Cyclohexans.
*25.* Wie lautet die allgemeine Summenformel für Cycloalkane?

# 3. Alkane
# 3.4. Alkylradikale

## 3.4. Alkylradikale

Entzieht man einem Alkan ein Wasserstoffatom, so erhält man ein *Alkylradikal*, oder kurz Alkyl genannt.

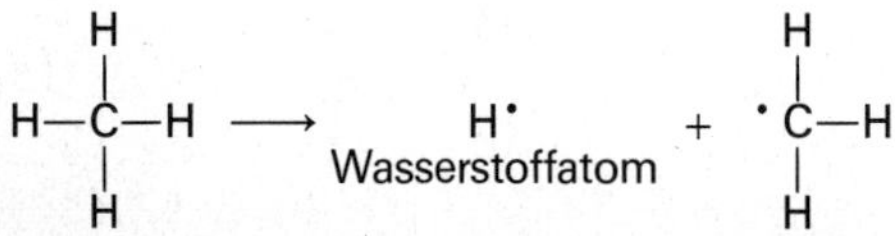


Methan Methyl-

Radikale besitzen ein ungepaartes Elektron, sie sind deshalb äußerst reaktionsfähig und können unter normalen Verhältnissen für sich allein nicht existieren.

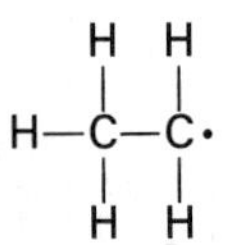

Ethyl-

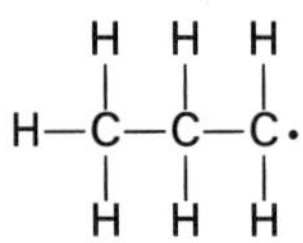

Propyl-

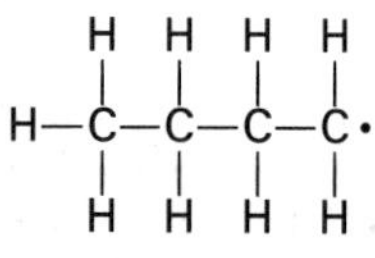

Butyl-

In gebundenem Zustand bezeichnet man diese Radikale auch als Reste (häufig Kurzbezeichnung -R). Ein Methylrest am Propan z. B. ergibt Methylpropan

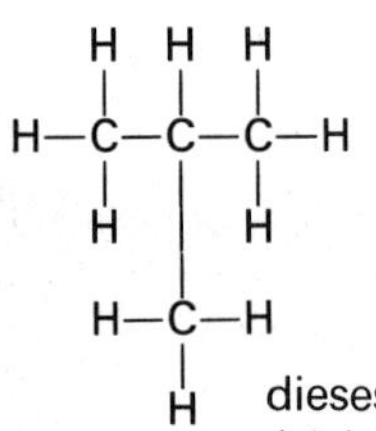

dieses ist identisch mit i-Butan (siehe Seite 11).

## 3.5. Benennung der Alkane

Um die Vielzahl der chemischen Verbindungen eindeutig bezeichnen zu können, hat man Regeln zu ihrer Benennung festgelegt (Nomenklaturregeln). Die Anwendung dieser Regeln soll am Beispiel der Alkane und ihrer Isomere gezeigt werden:

1. Aus der längsten Kohlenstoffkette eines iso-Alkans ergibt sich der Stammname.
2. Die kürzeren Seitenketten werden als Alkylreste bezeichnet. Man gibt sie in alphabetischer Reihenfolge an.
3. Griechische Zahlwörter vor den Alkylresten geben die Häufigkeit ihres Vorkommens an.
4. Arabische Ziffern vor diesen griechischen Zahlwörtern geben die Stellung der Alkylreste innerhalb der längsten Kohlenstoffkette an.
5. Die Kohlenstoffatome der längsten Kette werden so durchnumeriert, daß sich für die Stellung der Alkylgruppen die niedrigsten Zahlen ergeben.

Anwendungsbeispiele:

a) 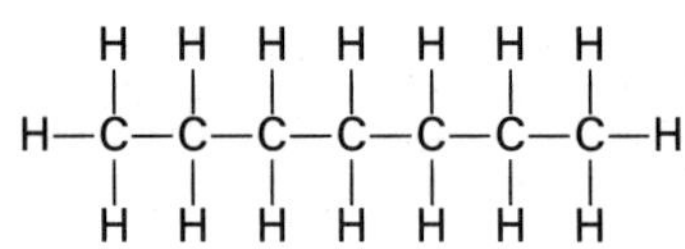

Dieser Kohlenwasserstoff besteht aus einer unverzweigten Kette mit 7 Kohlenstoffatomen. Die korrekte Bezeichnung lautet n-Heptan. Das vorangestellte „n" besagt, daß es sich um einen Kohlenwasserstoff mit „normaler" Kette handelt.

# 3.5. Benennung der Alkane

b)

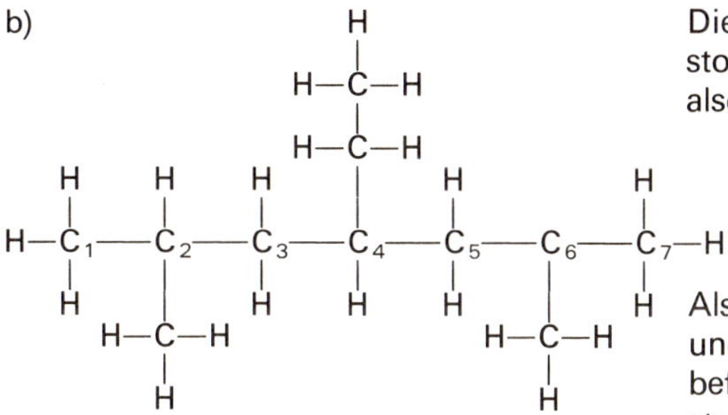

Die längste Kette besteht aus 7 Kohlenstoffatomen. Als Stammname ergibt sich also Heptan.

Als Seitenketten kommen zwei Methyl- und ein Ethylrest vor. Die Methylgruppen befinden sich am 2. und am 6. Kohlenstoffatom. Die Ethylgruppe ist mit dem 4. Kohlenstoffatom verbunden. Die korrekte Bezeichnung dieses Alkans muß also lauten:

4-Monoethyl-2,6-Dimethyl-Heptan.

c)

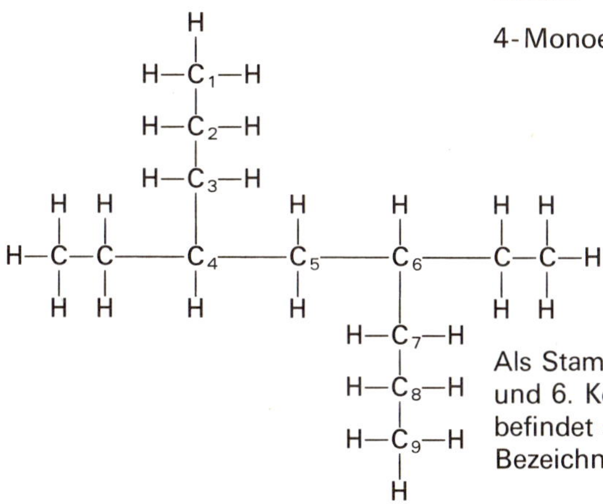

Als Stammname ergibt sich Nonan. Am 4. und 6. Kohlenstoffatom der Nonankette befindet sich je ein Ethylrest. Die korrekte Bezeichnung ist daher: 4,6-Diethylnonan.

d)

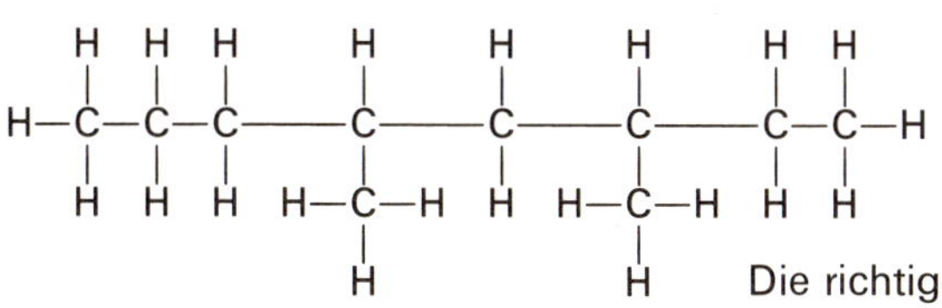

Die richtige Bezeichnung lautet 3,5-Dimethyloctan. Die Bezeichnung 4,6-Dimethyloctan wäre hier nicht korrekt, weil die Numerierung der Kohlenstoffatome nicht so erfolgt ist, daß sich die niedrigsten Zahlen ergeben.

e)

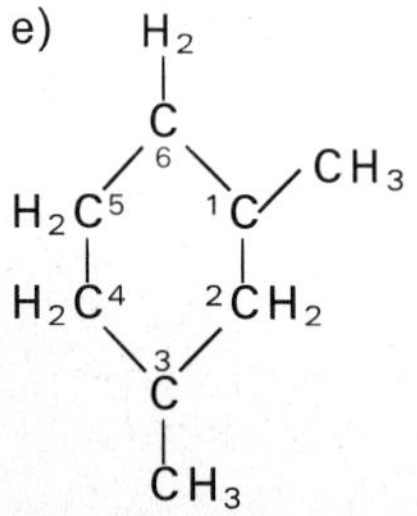

Die korrekte Bezeichnung lautet:
1,3-Dimethylcyclohexan

***Aufgaben:***

*26.* Was ist ein Radikal?
*27.* Nennen Sie drei Beispiele für Alkylradikale.
*28.* Was versteht man unter einem Alkylrest?
*29.* Wie lautet die Strichformel für n-Heptan?
*30.* Skizzieren Sie die Strichformel für 2,2,4-Trimethylpentan.
*31.* Wie lautet die Strichformel von 4-Ethyl-2-Methyloctan?
*32.* Wie lautet die korrekte Bezeichnung für folgenden Kohlenwasserstoff?

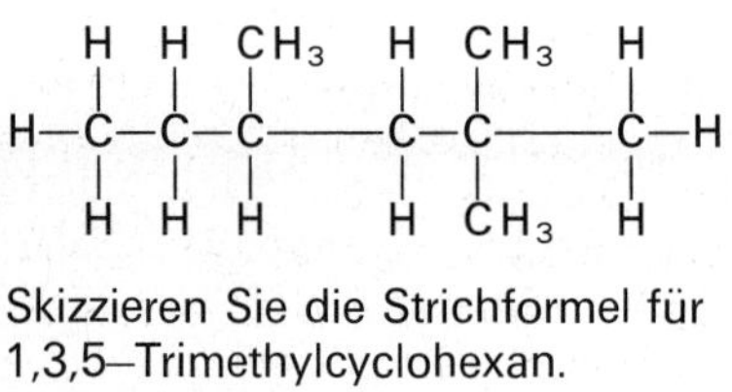

33. Skizzieren Sie die Strichformel für 1,3,5–Trimethylcyclohexan.

## 3.6. Eigenschaften der Alkane

### 3.6.1. Physikalische Eigenschaften der Alkane

Die Schmelz- und Siedepunkte der Alkane steigen mit zunehmender Länge der Kohlenstoffketten an:
Methan, Ethan, Propan und Butan sind bei Zimmertemperatur gasförmig. Alkane mit einer Kettenlänge von 5 bis 16 Kohlenstoffatomen sind flüssig, Kohlenwasserstoffe mit noch längerer Kohlenstoffkette sind bei 20° C fest.
Das Ansteigen der Schmelz- und Siedepunkte ist mit der Zunahme der zwischenmolekularen Anziehungskräfte bei zunehmender Molekülmasse zu erklären. Bei den Alkanen bestehen diese Anziehungskräfte vor allem aus van der Waalsschen Kräften, die sich aus der Anziehung von Kernen und Elektronen benachbarter Moleküle ergeben. Je höher die Molekülmasse ist, desto größer werden die van der Waalsschen Bindungskräfte. Jede $-CH_2$- bzw. $-CH_3$-Gruppe trägt zwar nur in ganz geringem Maß zum intermolekularen Zusammenhalt der Kohlenwasserstoffmoleküle bei. Summieren sich bei massereichen Alkanmolekülen diese Kräfte jedoch, so kann ihre Gesamtheit stärker sein als eine Atombindung. Alkane mit 20 oder mehr Kohlenstoffatomen zersetzen sich deshalb, wenn man sie bei Normaldruck zum Sieden erhitzt.
Alkanmoleküle sind unpolar, sie sind mit Flüssigkeiten, deren kleinste Teilchen aus polaren Molekülen bestehen, nur schwer mischbar. Alkane sind deshalb in dem stark polaren Lösungsmittel Wasser praktisch unlöslich. Man sagt, sie sind **wasserfeindlich (hydrophob).** Mit un-

# 3.6.2. Chemische Eigenschaften der Alkane

polaren Flüssigkeiten sind die Alkane gut mischbar. Flüssige Alkane wie z. B. Hexan oder Heptan sind deshalb gute Lösungsmittel für Fette. Man sagt deshalb, Alkane sind **fettfreundlich (lipophil).** Polare Stoffe lösen sich in polaren Lösungsmitteln und unpolare Stoffe in unpolaren Lösungsmitteln. Man kann deshalb sagen:

**Ähnliches löst sich in Ähnlichem.**

### 3.6.2. Chemische Eigenschaften der Alkane

Alkane verhalten sich gegenüber vielen Säuren (z. B. Salzsäure), Laugen (z. B. Kalilauge) und Oxidationsmitteln (z. B. Kaliumpermanganat) sehr reaktionsträge. Man hat ihnen deshalb auch den Namen „Paraffine" gegeben, weil sie „wenig geneigt" sind (lateinisch: „parum affinis"), chemische Reaktionen einzugehen. Alkane sind brennbar, dabei wird viel Energie frei. Alkane sind deshalb **wichtige Energielieferanten** für die Industrie, den Verkehr und für den Haushalt. Methan $CH_4$ ist der Hauptbestandteil (über 90%) von Erdgas, in dem auch häufig etwas Ethan $C_2H_6$ enthalten ist. Propan $C_3H_8$ und Butan $C_4H_{10}$ werden unter Druck verflüssigt und dienen als Flaschengas („Flüssiggas") zu Heizzwecken. Flüssige Alkane mit fünf bis zwölf Kohlenstoffatomen im Molekül bilden die Hauptbestandteile von Benzin. Diesel- und Heizöl besteht aus längerkettigen Alkanen. Gemische verschiedener fester Alkane dienen zur Kerzenherstellung (Paraffinkerzen).

Mit einer ausreichenden Menge Luftsauerstoff verbrennen Alkane zu Kohlendioxid und Wasser.

$$2\,C_6H_{14} + 19\,O_2 \longrightarrow 12\,CO_2 + 14\,H_2O; \quad \Delta H = -8351{,}2\,kJ$$

Steht zur vollkommenen Verbrennung nicht genügend Sauerstoff zur Verfügung, so kann es zu unvollkommenen Oxidationen kommen, wobei Kohlenmonoxid CO und zum Teil auch Ruß (elementarer Kohlenstoff) entsteht:

$$2\,C_6H_{14} + 13\,O_2 \longrightarrow 12\,CO + 14\,H_2O; \quad \Delta H = -4904\,kJ$$

Mit steigender Kohlenstoffzahl im Molekül verbrennen Alkane an der Luft mit zunehmend leuchtend gelber Flamme und Rußabscheidung. Bei einer brennenden Paraffinkerze z. B. wird in der Flammenhitze das Kohlenstoffgerüst des Paraffins zerstört. Der Sauerstoff genügt nicht mehr zur vollkommenen Verbrennung. Glühende Teilchen aus elementarem Kohlenstoff bewirken das Leuchten der Kerzenflamme. Alkane reagieren also mit Sauerstoff leicht, wobei je nach vorhandener Sauerstoffmenge Kohlendioxid, Kohlenmonoxid, Ruß und Wasserdampf entstehen. Gegenüber den meisten anderen Stoffen jedoch verhalten sich Alkane, wie schon erwähnt, ausgesprochen reaktionsträge. Sogar mit den sehr reaktionsfreudigen Halogenen kommt es nur dann zu einer Reaktion, wenn man dem Gemisch Lichtenergie zuführt. Dabei wird jedoch das sehr stabile Kohlenstoffgerüst der Alkane nicht zerstört. Es werden lediglich ein oder mehrere Wasserstoffatome am Kohlenwasserstoff durch Halogenatome ersetzt. Der Chemiker sagt dazu: Wasserstoffatome werden durch Halogenatome **substituiert.**

# 3. Alkane
## Aufgaben

Substitutionsreaktionen sind typisch bei Alkanen.

**Den Ersatz eines Atoms oder einer Atomgruppe in einem Molekül durch ein anderes Atom oder eine andere Atomgruppe nennt man Substitution.**

Die Substitution von Wasserstoff durch Halogene unter Lichteinwirkung verläuft bei Alkanen nach einem radikalischen Reaktionsmechanismus.

**Beispiel:**
Substitution von Wasserstoff im n-Heptan durch Brom. Durch Lichtenergie werden zunächst Brommoleküle in Bromatome gespalten

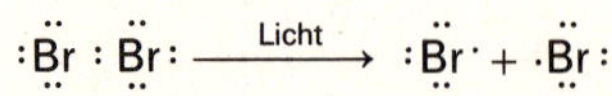


Bromatome besitzen ein ungepaartes Elektron. Sie sind daher Radikale. Diese sehr reaktionsfähigen Bromradikale entreißen dem Kohlenwasserstoff Wasserstoffatome:

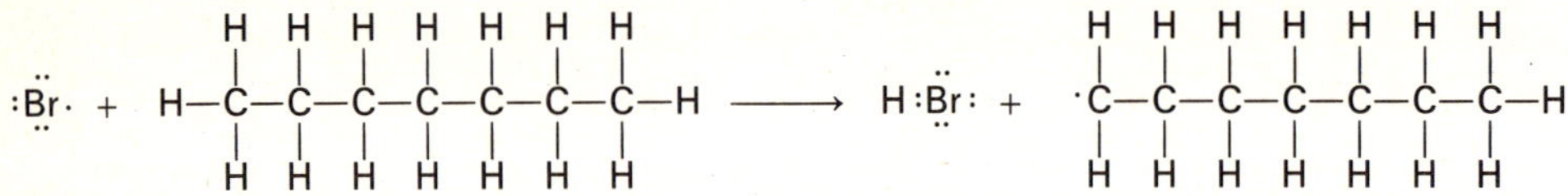

Dabei entstehen Bromwasserstoffmoleküle und Kohlenwasserstoffradikale. In unserem Beispiel das Heptylradikal. Diese ebenfalls sehr reaktionsfreudigen Kohlenwasserstoffradikale können mit weiteren Halogenmolekülen reagieren. Dabei entstehen wieder Halogenradikale.

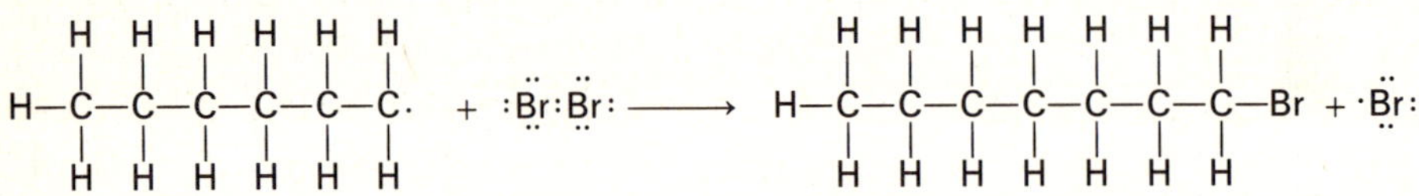

Diese Halogenradikale können nun wieder in gleicher Weise wie oben beschrieben Kohlenwasserstoffmoleküle angreifen.

**Eine Reaktionsfolge, bei der mit Radikalen immer wieder neue Radikale gebildet werden, nennt man eine Radikalkettenreaktion.**

***Aufgaben:***

*34.* Warum steigen die Schmelz- und Siedepunkte der Alkane mit zunehmender Länge der Kohlenstoffketten an?

*35.* Warum zersetzen sich Alkane mit hoher Kohlenstoffzahl, wenn man versucht, sie bei Normaldruck zum Sieden zu erhitzen?

# 3.7. Halogenalkane

*36.* Warum sind Alkane in Wasser praktisch unlöslich?

*37.* Was bedeuten die Ausdrücke „hydrophob" und „lipophil"?

*38.* Warum hat man den Alkanen auch den Namen „Paraffine" gegeben?

*39.* Formulieren Sie die Reaktionsgleichung für die vollständige Verbrennung von Propan.

*40.* Wann kann bei der Verbrennung von Alkanen Kohlenmonoxid entstehen? Formulieren Sie am Beispiel des Butan.

*41.* Warum leuchtet die Flamme einer brennenden Paraffinkerze?

*42.* Was versteht man unter einer Substitution?

*43.* Welche Rolle spielt Licht bei der Reaktion von Chlor mit Pentan?

*44.* Skizzieren Sie den Mechanismus der Reaktion von Methan mit elementarem Chlor.

## 3.7. Halogenalkane

Bei der Substitution von einem oder mehreren Wasserstoffatomen bei Alkanen durch ein oder mehrere Halogenatome entstehen Halogenalkane. Man bezeichnet sie auch als Halogenabkömmlinge oder **Halogenderivate** der Alkane. Eine andere häufige allgemeine Bezeichnung für diese Stoffgruppe ist **Alkylhalogenide.** Monochlorethan $C_2H_5Cl$ z. B. ist ein Chlorderivat des Ethans. Es wird auch als Ethylchlorid bezeichnet.

Halogene sind stark elektronegativ, d. h. sie ziehen die Bindungselektronen stark an. Im Molekül eines Alkylhalogenids kommt es deshalb zu starken Elektronenverschiebungen. Dies ist der Grund für die ausgeprägte Polarisation der Alkylhalogenide. Alkylhalogenide sind deshalb im Gegensatz zu den Alkanen wesentlich reaktionsfähiger.

Das chemische Verhalten eines Alkans wird also durch die Substitution mit einem Halogen wesentlich verändert. Man bezeichnet das Halogen deshalb als die funktionelle Gruppe des Moleküls.

**Beispiel:** Chlor ist die funktionelle Gruppe im Ethylchlorid:

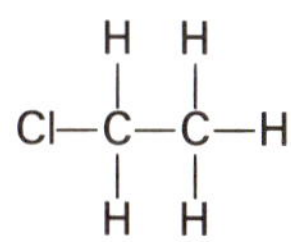

Auch andere Atome oder Atomgruppen

wie z. B. —OH, 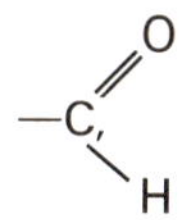 $-NH_2$ usw.

können funktionelle Gruppen sein.

**Atome oder Atomgruppen, die einer chemischen Verbindung typische Eigenschaften verleihen, nennt man funktionelle Gruppen.**

Alkylhalogenide spielen im täglichen Leben eine wichtige Rolle.

**Beispiele:**

**Trichlormethan** $CHCl_3$, **Chloroform,** ist ein wichtiges Lösungsmittel für Öle, Fette und Harze. Lange Zeit wurde Chloroformdampf wegen seiner betäubenden Wirkung als Narkosemittel benützt.

**Tetrachlorkohlenstoff** $CCl_4$, „Tetra", wird trotz seiner hohen Giftigkeit wegen seiner guten Löseeigenschaften als technisches Lösungsmittel und als „Fleckenentferner" verwendet. Weil es unbrennbar ist und den elektrischen Strom nicht leitet, findet es auch als Füllung für elektrosichere Feuerlöscher Verwendung.

**Difluordichlormethan** $CF_2Cl_2$, „Frigen", ist ungiftig, geruchlos und unbrennbar. Es dient als Treibmittel in Spraydosen. Außerdem findet es in manchen Kühlschränken als Kühlmittel Verwendung.

**Monochlorethan** $CH_3CH_2Cl$, Ethylchlorid verdampft sehr leicht und erzeugt dadurch Kälte. Durch Aufsprühen von Ethylchlorid auf die Haut kann man diese örtlich „vereisen". Begrenzte Körperpartien können dadurch für kleine chirurgische Eingriffe schmerzunempfindlich gemacht werden. Wegen dieser lokalen Betäubungswirkung findet es in der Medizin als „Lokalanästetikum" Verwendung.

***Aufgaben:***

*45.* Was sind Alkylhalogenide? Nennen Sie drei Beispiele!

*46.* Warum zeigen Halogenderivate der Alkane Polarisierungserscheinung?

*47.* Was versteht man unter einer funktionellen Gruppe?

*48.* Was ist Chloroform? Wozu wird es benützt?

*49.* Was ist „Tetra"? Wozu findet es Verwendung?

*50.* Warum eignet sich Ethylchlorid als Lokalanästhetikum?

# 4. Alkene
# 4.1. Ethen, das einfachste Alken

Durch Dehydrierung (Abspaltung von Wasserstoff) erhält man aus Ethan das einfachste Molekül mit einer Doppelbindung zwischen zwei Kohlenstoffatomen.

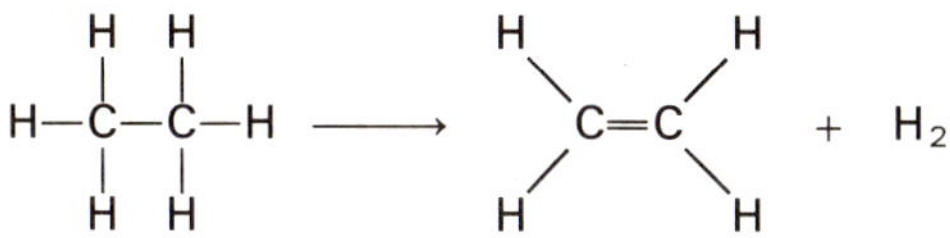

Die neu entstandene Verbindung mit der Summenformel $C_2H_4$ heißt Ethen (alter Name Ethylen oder Äthylen).
Von allen Alkanen (Ausnahme Methan) kann man auf analoge Art Verbindungen ableiten, die nicht die höchstmögliche Anzahl von Wasserstoffatomen enthalten. Man nennt sie **ungesättigte Verbindungen.** Der Name ergibt sich aus dem zugrundeliegenden Alkan. Kohlenwasserstoffe mit Doppelbindungen erhalten die Endsilbe -en.

Aus Ethan wird Ethen

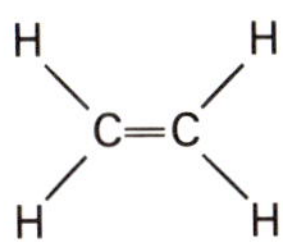

Aus Propan wird Propen

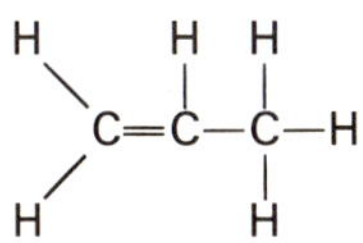

Aus Butan wird Buten
usw.

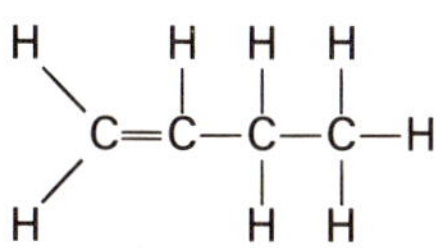

Zusammenfassend bezeichnet man diese Verbindungen als homologe Reihe der **Alkene**, als allgemeine Summenformel ergibt sich $C_nH_{2n}$. Bei den Alkenen mit vier und mehr Kohlenstoffatomen sind verschiedene Isomere möglich, weil die Doppelbindung an verschiedenen Stellen im Molekül liegen kann. Die Lage der Doppelbindung wird durch arabische Ziffern angegeben.

**Beispiel:** Buten $C_4H_8$

n- Buten- 1:

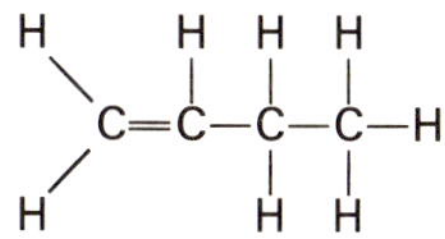

n- Buten- 2:

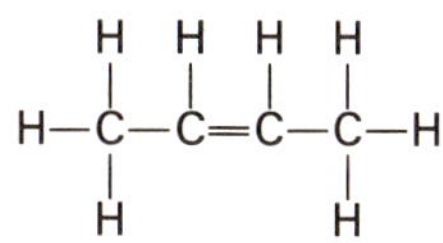

### 4.1. Ethen, das einfachste Alken

Im Labor stellt man Ethen häufig durch katalytische Abspaltung von Wasser aus Ethanol (*Ethylalkohol*) dar. Als Katalysator dient dazu häufig Aluminiumoxid.

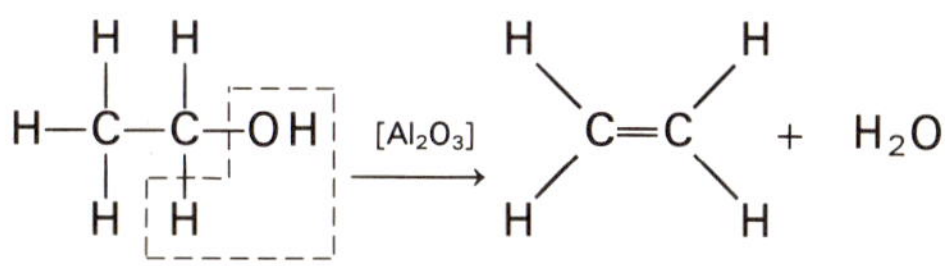

Ethanol Ethen

Ethen ist ein farbloses und fast geruchloses Gas. Es brennt mit leuchtender, rußender Flamme. Die Löslichkeit in Wasser ist gering. Mit Luft und besonders mit reinem Sauerstoff bildet es explosive Gemische.
Alkene sind wegen ihrer Doppelbindung sehr reaktionsfreudig.
Die Doppelbindung bestimmt wesentlich die chemischen Eigenschaften der Alkene, sie ist deshalb die funktionelle Gruppe der Alkene.

# 4. Alkene

# 4.2. Additionsfähigkeit der Alkene

### 4.2. Additionsfähigkeit der Alkene

Charakteristisch für alle Alkene ist ihre Additionsfähigkeit. Allgemein versteht man unter einer Additionsreaktion die Anlagerung von Atomen oder Atomgruppen an Mehrfachbindungen.

**Beispiel:** Hydrierung (Anlagerung von Wasserstoff) von Ethen

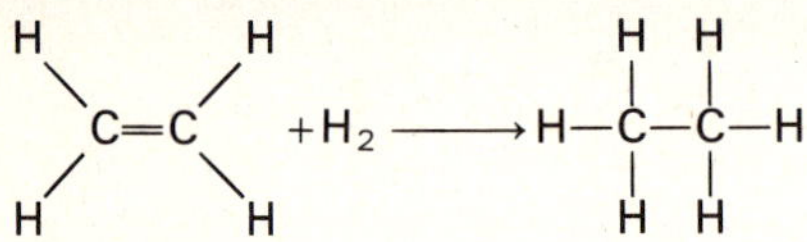

Ethen Ethan

**Addition ist die Anlagerung von Atomen oder Atomgruppen an Mehrfachbindungen**

Die Addition von Brom dient als Nachweisreaktion für Mehrfachbindungen zwischen zwei Kohlenstoffatomen. Leitet man z.B. Ethen durch Bromwasser (eine Lösung von elementarem Brom in Wasser), so wird die ursprünglich braune Lösung entfärbt. Brom wurde an das Ethen addiert.

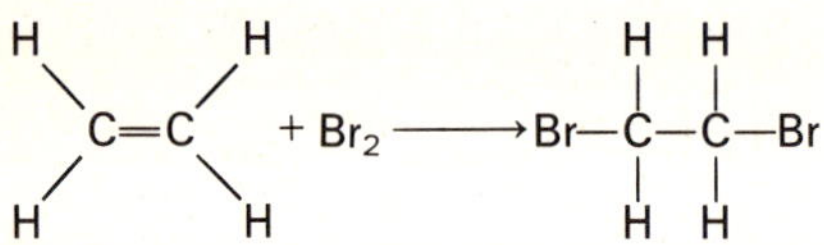

Das entstandene Dibromethan ist farblos.

**Durch die Entfärbung von Bromwasser können ungesättigte Verbindungen nachgewiesen werden.**

### 4.3. Substitution bei Alkenen

Bei sehr hohen Temperaturen können Alkene auch substituiert werden, ohne daß die Doppelbindung aufbricht. So führt z.B. die Substitution von Ethen mit Chlor zum Vinylchlorid (*Monochlorethen*). Vinylchlorid ist ein wichtiger Ausgangsstoff für die Kunststoffindustrie.

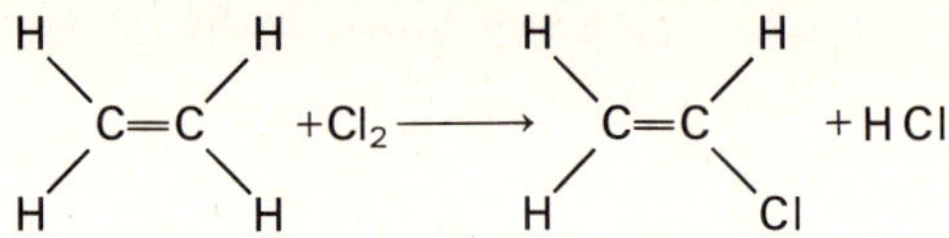

Vinylchlorid

### 4.4. Polymerisation der Alkene und Vinylderivate

Vinylderivate leiten sich vom Ethen ab. Die Vinylgruppe

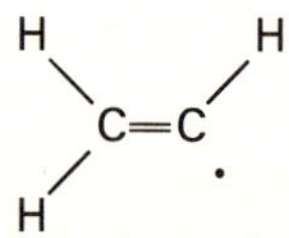

kann mit verschiedenen Resten R verbunden sein. Die allgemeine Formel für Vinylderivate ist

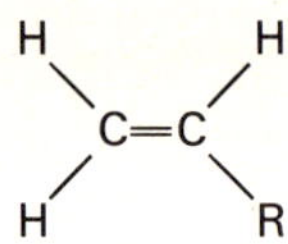

Nimmt die Stelle von R ein Wasserstoffatom ein, so hat man Ethen. Tritt an die Stelle von R ein Chloratom, so liegt Vinylchlorid vor. Eine der wichtigsten Reaktionen der Alkene und Vinylderivate ist ihre Fähigkeit, sich zu Großmolekülen (*Makro-*

# 4.4. Polymerisation der Alkene und Vinylderivate

*molekülen*) zusammenzulagern. Unter Aufbrechen der Doppelbindung entstehen aus den kleinen ungesättigten Molekülen (*Monomere*) zunächst Radikale, die sich zu einem langen, fadenförmigen Makromolekül (*Polymeres*) verknüpfen.

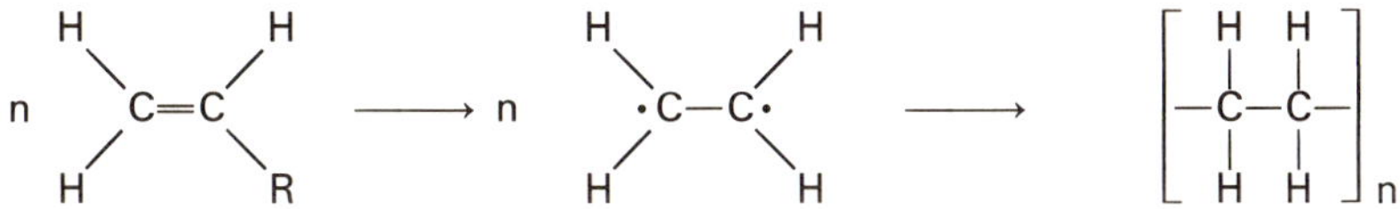


Monomere Radikale Polymeres

Auf diese Weise bildet sich aus Ethen Polyethen (*Polyäthylen*) und aus Vinylchlorid (*VC*) Polyvinylchlorid (*PVC*). Beides sind sehr wichtige Kunststoffe. (Siehe auch Seite 93).

**Polymerisation ist die Verknüpfung vieler kleiner ungesättigter Grundmoleküle zu einem Makromolekül.**

***Aufgaben:***

*51.* Welche Verbindung entsteht, wenn man aus einem Ethanmolekül zwei Atome Wasserstoff wegnimmt? Formelgleichung!

*52.* Was versteht man unter ungesättigten Verbindungen?

*53.* Wie lauten die ersten fünf Glieder der homologen Reihe der Alkene?

*54.* Wie lautet die allgemeine Summenformel für die Alkene? Für welche Ihnen bekannte andere Stoffklasse gilt diese allgemeine Summenformel ebenfalls?

*55.* Formulieren Sie alle denkbaren Isomere eines Kohlenwasserstoffes mit fünf Kohlenstoffatomen und einer Doppelbindung. Wie heißen diese Verbindungen?

*56.* Was ist die funktionelle Gruppe der Alkene?

*57.* Mit welcher Nachweisreaktion können Alkene von Alkanen unterschieden werden?

*58.* Was versteht man in der Chemie unter einer Addition?

*59.* Welche Verbindung entsteht, wenn man an Ethen Chlorwasserstoff addiert?

*60.* Was versteht man unter Hydrierung und Dehydrierung? Geben Sie je ein Beispiel.

*61.* Was sind Vinylderivate?

*62.* Was versteht man unter Polymerisation?

*63.* Was sind Monomere? Was sind Polymere?

*64.* Was ist Polyethen?

*65.* Was ist PVC?

# 5. Ethin, der wichtigste Vertreter der Alkine

Ethen konnte man sich durch Entzug von zwei Wasserstoffatomen aus Ethan entstanden denken. Durch Wegnahme von zwei weiteren Wasserstoffatomen erhält man einen Kohlenwasserstoff mit einer **Dreifachbindung,** das Ethin oder Acetylen. Ethin hat die Summenformel $C_2H_2$. Es ist noch stärker ungesättigt als das Ethen.

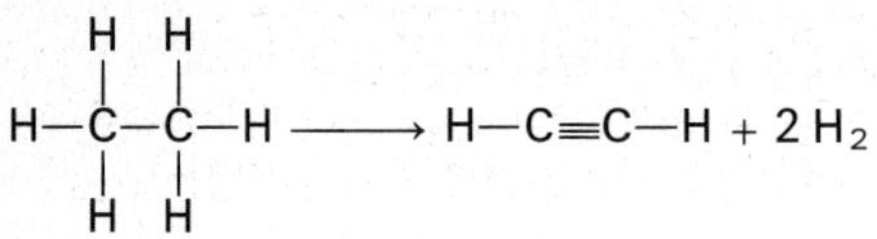

Ethin ist das erste Glied der homologen Reihe der **Alkine** mit der allgemeinen Summenformel $C_nH_{2n-2}$. So wie bei den Alkenen die Endung -en auf die Doppelbindung hinweist, zeigt die Endung -in bei den Alkinen eine Dreifachbindung an.

Ethin $C_2H_2$

Propin $C_3H_4$

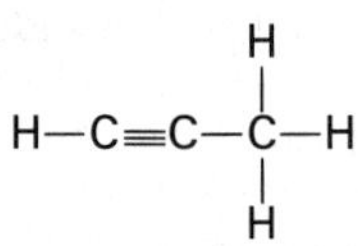

Butin $C_4H_6$

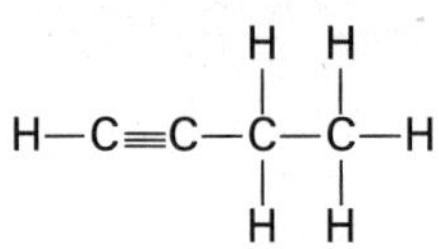

Bei vier und mehr Kohlenstoffatomen sind auch hier verschiedene Isomere möglich, weil die Dreifachbindung an verschiedenen Stellen im Molekül liegen kann.

**Beispiel**: Butin $C_4H_6$

Butin-1

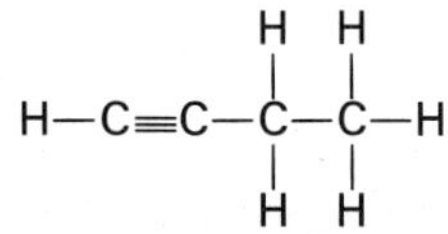

Butin-2

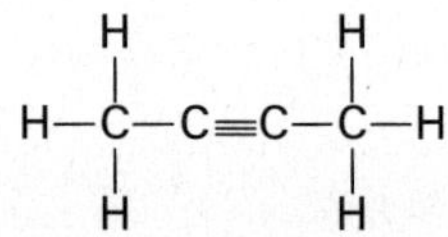

Der wichtigste Vertreter der Alkine ist das Ethin (alter Name Acetylen). Es wurde früher in großen Mengen durch Umsetzen von Calciumcarbid mit Wasser hergestellt.

$$CaC_2 + 2\,H_2O \longrightarrow C_2H_2 + Ca(OH)_2$$

Die Herstellung von Calciumcarbid erfordert sehr viel Energie. Man bringt gebrannten Kalk mit Kohlenstoff (Koks) im elektrischen Lichtbogen zur Reaktion

$$CaO + 3\,C \longrightarrow CaC_2 + CO; \quad \Delta H = +458\,kJ$$

Heute wird Ethin neben Ethen vor allem aus Erdöl und Erdgas hergestellt.
Ethin ist ein farbloses, in reinem Zustand nur schwach riechendes Gas. Der fast immer feststellbare unangenehme Geruch ist auf Verunreinigung mit Phosphorwasserstoff $PH_3$ und Schwefelwasserstoff $H_2S$ zurückzuführen.
Ethin brennt mit leuchtender, stark rußender Flamme. Mit genügend reinem Sauerstoff verbrennt es vollständig, dabei wird sehr viel Energie frei. Es können Temperaturen von über 3000° C erreicht werden.

# 5.1. Additionsreaktionen an Ethin

$$2\,C_2H_2 + 5\,O_2 \longrightarrow 4\,CO_2 + 2\,H_2O; \quad \Delta H = -2614\,kJ$$

Acetylen (Ethin) findet deshalb als „Schweißgas" bei der Metallverarbeitung Verwendung.
Das Ethin ist wegen seiner Dreifachbindung eine sehr energiereiche Verbindung. Beim Erhitzen oder bei Druckeinwirkung kann es explosionsartig unter hoher Energieabgabe zerfallen.

$$C_2H_2 \longrightarrow 2C + H_2; \quad \Delta H = -226\,kJ$$

Ethin löst sich im Gegensatz zu Ethan und Ethen relativ gut in Wasser. Besonders gut löst es sich jedoch in Aceton. Bei 12 bar nimmt ein Raumteil Aceton 300 Raumteile Ethin auf. Auf diese Weise kann Ethin als „Dissousgas" in Stahlflaschen gefüllt und gefahrlos transportiert und gehandhabt werden.

**Die Dreifachbindung bestimmt wesentlich die chemischen Eigenschaften der Alkine, sie ist deshalb die funktionelle Gruppe der Alkine.**

### 5.1. Additionsreaktionen an Ethin

Der ungesättigte Charakter der Dreifachbindung ermöglicht ähnlich wie bei den Alkenen Additionsreaktionen.

Die Addition von Chlor z.B. führt stufenweise über das 1,2 Dichlorethen zum 1,1,2,2, Tetrachlorethan.

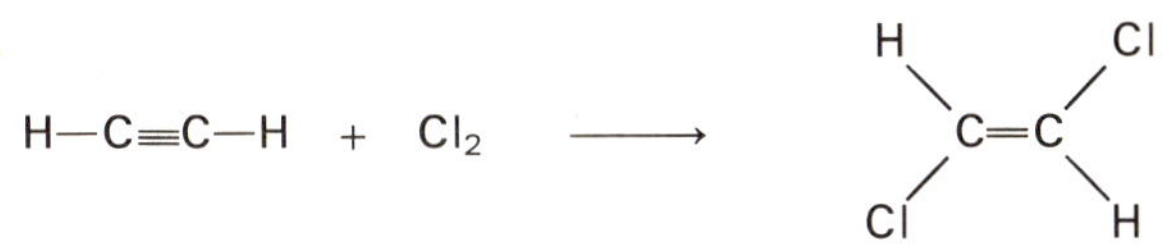

1,2 Dichlorethen

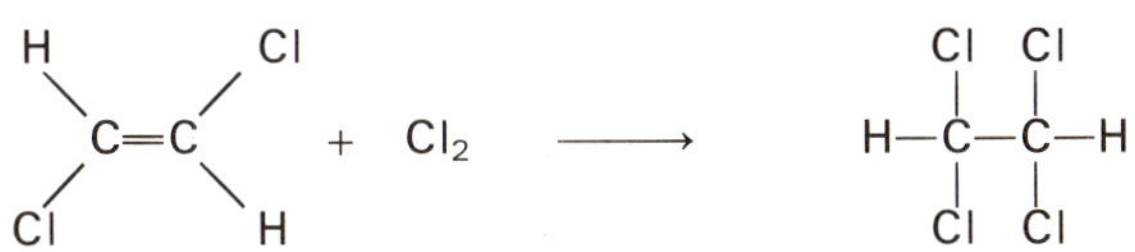

1,1,2,2, Tetrachlorethan

Unter der Wirkung von Katalysatoren kann an Ethin sogar Wasser addiert werden, dabei entsteht Acetaldehyd (*Ethanal*), ein wichtiges Zwischenprodukt für organische Synthesen.

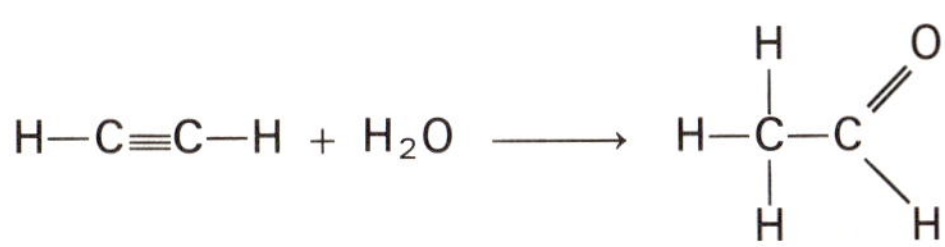

Acetaldehyd

# 5. Ethin, der wichtigste Vertreter der Alkine

Addiert man Blausäure (HCN) an Ethin, so erhält man Acrylnitril (*Vinylcyanid*). Acrylnitril polymerisiert zu Polyacrylnitril (PAN), das zu Kunstfasern versponnen werden kann.

### 5.2. Substitution am Ethin

Die Wasserstoffatome am Ethin können im Gegensatz zum Ethen leicht durch Metallatome unter Bildung von Acetyliden (*Carbiden*) ersetzt werden.

**Beispiel:**

$$H{-}C \equiv C{-}H + 2\,Ag^+ \longrightarrow Ag - C \equiv C - Ag + 2\,H^+$$

Leitet man Ethin durch eine ammoniakalische Silber- oder Kupfer(I)salzlösung, bildet sich ein weißer bzw. rotbrauner Niederschlag der Acetylide $Ag_2C_2$ bzw. $Cu_2C_2$. In trockenem Zustand explodieren diese Acetylide bei Erwärmen oder Schlag heftig. Dies ist vor allem auf den hohen Energieinhalt der Dreifachbindung zurückzuführen.

$$Ag - C \equiv C - Ag \longrightarrow 2\,Ag + 2\,C + \text{Energie}$$

Die Bildung von Silber- oder Kupferacetyliden dient als Nachweisreaktion für Ethin.

***Aufgaben:***

*66.* Wie kann man sich Ethin aus Ethan entstanden denken?

*67.* Zu welcher homologen Reihe gehört das Ethin? Nennen Sie weitere Glieder dieser Reihe! Allgemeine Summenformel?

*68.* Formulieren Sie alle denkbaren Isomere eines Kohlenwasserstoffs mit 5 Kohlenstoffatomen und einer Dreifachbindung. Wie heißen diese Verbindungen?

*69.* Formulieren Sie die Darstellung von Ethin aus Calciumcarbid.

*70.* Stellen Sie die Reaktionsgleichung für die vollständige Verbrennung von Ethin auf.

*71.* In welcher Form kommt Ethin in den Handel?

*72.* Wie kann man mit Hilfe von Ethin Vinylchlorid (Monochlorethen) herstellen? Reaktionsgleichung!

*73.* Formulieren Sie die Addition von Chlor an Ethin.

*74.* Was sind Acetylide?

*75.* Wie kann man Ethen von Ethin mit einer chemischen Reaktion unterscheiden?

# 6. Erdöl, Erdgas, Kohle

## 6.1. Erdöl

Erdöl, Erdgas und Kohle nennt man natürliche, **fossile Energieträger**, weil man annimmt, daß sie im Laufe von Jahrmillionen aus der Zersetzung von Pflanzen (Kohle, Erdgas) und Kleinlebewesen wie z. B. Meeresplankton (Erdöl, Erdgas) entstanden sind.

Erdöl, Erdgas und Kohle sind die derzeit wichtigsten Energieträger. Industrie, Land-, See- und Luftverkehr, Rundfunk und Fernsehen, Beleuchtung und Heizung wären ohne ausreichende Energieversorgung undenkbar. Die Existenz von Millionen von Arbeitsplätzen in den Industrieländern steht und fällt mit der Energiebereitstellung.

### 6.1. Erdöl

#### 6.1.1. **Entstehung**

Die Entstehung des Erdöls ist auch heute noch nicht genau geklärt. Die am häufigsten genannte und wohl auch in den wesentlichen Teilen zutreffende Theorie geht davon aus, daß Kleinlebewesen (*Mikroorganismen*) in urweltlichen Meeren und Seen die Grundlage für die Bildung von Erdöl waren. Die im Meerwasser schwebenden Kleinlebewesen (*Plankton*) sanken nach ihrem Absterben auf den Grund der Gewässer. Dort zersetzten sie sich unter Luftabschluß zu **Faulschlamm**. Durch Druck- und Temperatureinflüsse und wohl auch durch die Wirkung von Bakterien entstand aus dem Faulschlamm allmählich Erdöl.

#### 6.1.2. **Vorkommen**

Erdöl lagert in porösen Gesteinsformationen, wo es sich im Laufe von Jahrmillionen angesammelt hat. Man kennt heute sichere Erdölreserven von ca. 90 Milliarden Tonnen.

Die heute genützten Erdölvorkommen liegen meistens an Küsten. Häufig handelt es sich dabei um Wüsten- oder Sumpfgebiete, die sich gürtelförmig rund um die Erde verteilen. Beim derzeitigen Jahresverbrauch von über 3 Milliarden Tonnen pro Jahr reichen die nutzbaren Vorräte nur noch knapp 30 Jahre.

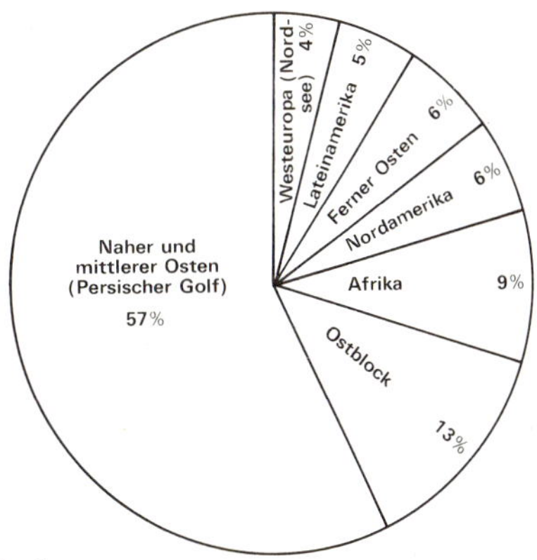


*Abb. 9*
*Verteilung der heute bekannten abbaufähigen Erdölvorkommen*

Die erdölführenden Gesteinsschichten befinden sich meistens in großer Tiefe, deshalb muß das Erdöl „erbohrt" werden. Die durchschnittliche Bohrtiefe beträgt heute etwa 2000 Meter. Auf der Suche nach dem immer knapper werdenden Erdöl hat man aber schon Bohrlöcher bis in eine Tiefe von 8000 m getrieben.

# 6. Erdöl, Erdgas, Kohle

## 6.1. Erdöl

6.1.3. **Förderung**
Die frisch angebohrten Lagerstätten des Erdöls stehen anfangs häufig unter einem natürlichen Druck (z.B. durch gleichzeitig vorhandenes Erdgas). Das Öl dringt durch das verrohrte Bohrloch von selbst an die Oberfläche. Nachlassender Druck kann durch Einpressen von Wasser oder Erdgas ausgeglichen werden. Bei nicht ausreichendem oder zu stark abgesunkenem Druck muß das kostbare Erdöl mit Pumpen gefördert werden. Vor dem Abtransport muß das Erdöl entgast (Gelöstes Erdgas) und entwässert werden. Außerdem müssen darin schwebende Feststoffe (z.B. Sand) abgetrennt werden.

6.1.4. **Transport**
Das Erdöl kann in den allermeisten Fällen nicht dort verarbeitet werden, wo es gefördert wird. In riesigen Tankschiffen wird das Öl über die Meere zu den Verbraucherländern transportiert. Weite Entfernungen auf dem Festland werden mit großen Rohrleitungen („Pipelines") überbrückt. Der Öltransport bildet eine erhebliche Gefährdung der Umwelt. Das Leben in den Ozeanen wird durch auslaufendes Öl aus havarierten Tankern schwer bedroht. „Ölunfälle" auf dem Land gefährden vor allem das Grundwasser und damit die Trinkwasserversorgung. Durch einen Liter Öl, der ins Grundwasser gelangt, werden mehrere Millionen Liter Trinkwasser ungenießbar.

6.1.5. **Zusammensetzung und Verarbeitung**
Erdöl nennt man ein Vielstoffgemisch. Es setzt sich aus einer Vielzahl von unterschiedlichen Kohlenwasserstoffverbindungen zusammen. Je nach dem Ursprungsort überwiegen geradkettige, verzweigte oder ringförmige Verbindungen, in denen außerdem noch etwas Schwefel, Sauerstoff und Stickstoff gebunden sein kann.

6.1.5.1. **Fraktionierte Destillation**
Erhitzt man Erdöl stufenweise auf immer höhere Temperaturen, so verdampfen zunächst die Kohlenwasserstoffe mit niedrigerer Molekularmasse, denn diese haben auch die niedrigeren Siedepunkte. Beim Erwärmen auf die nächsthöhere Temperaturstufe gehen jene Verbindungen in die Dampfphase über, deren Siedepunkte in diesem Temperaturbereich liegen. Kondensiert man die einzelnen Dampfphasen getrennt voneinander, dann läßt sich Erdöl in Stoffgemische auftrennen, deren Siedepunkte verhältnismäßig nahe beieinander liegen. Teilgemische des Erdöls, die bei einer bestimmten Temperatur gewonnen werden, nennt man **Fraktionen**. Das gesamte Verfahren zur Auftrennung des Erdöls nennt man **fraktionierte Destillation.**

**Fraktionierte Destillation ist die stufenweise Auftrennung eines Stoffgemisches auf Grund der verschiedenen Siedepunkte seiner Bestandteile.**

In Raffinerien wird Erdöl großtechnisch mit Hilfe von Destillationstürmen (auch *Fraktioniertürme* genannt) in die gewünschten Fraktionen zerlegt. Diese Türme bestehen aus übereinanderliegenden „Glockenböden". Das Erdöl wird zunächst in Röhrenöfen auf etwa 400 °C erhitzt,

# 6.1.5.1. Fraktionierte Destillation

dann wird es von unten her in die Fraktioniertürme geleitet. Die verdampften Bestandteile des Erdöls durchströmen die einzelnen Glockenböden. Dabei werden die Dämpfe abgekühlt. Die Fraktionen mit hohen Siedepunkten sammeln sich in den unteren Böden an. Je flüchtiger ein Stoff ist, desto weiter oben kondensiert er.

Kohlenwasserstoffe mit Siedepunkten unter 30° C verlassen den Fraktionierturm ganz oben als Gase, es handelt sich dabei hauptsächlich um Methan, Ethan, Propan und Butan.

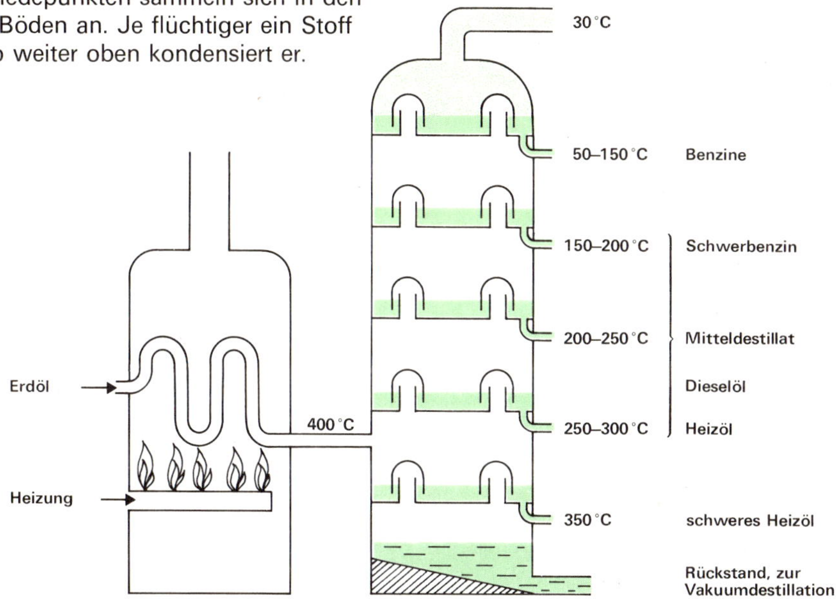


*Abb. 10*
*Vereinfachtes Schema eines Erdölfraktionierturms*

Diese erste Verarbeitungsstufe des Erdöls erfolgt unter Atmosphärendruck (man nennt sie auch „Top-Destillation"). Dabei bleibt ein Rückstand. Dieser läßt sich ohne Zersetzung bei Atmosphärendruck nicht verdampfen (siehe auch Abschnitt 3.6.1). Man destilliert den aus großen Molekülen bestehenden Rückstand bei vermindertem Druck („Vakuum-Destillation"). Durch Unterdruck lassen sich die Siedepunkte absenken. Die großen langkettigen Kohlenwasserstoffe können auf diese Weise destilliert werden, ohne daß eine Aufspaltung der Moleküle wegen zu hoher Temperatur erfolgt. Bei dieser Vakuum-Destillation erhält man Schmieröle der verschiedenen Siedebereiche. Der nun verbleibende Rückstand ist Asphalt. Er wird z. B. beim Straßenbau verwendet. Die bei der Top-Destillation gewonnenen Erdölprodukte müssen noch durch verschiedene Veredelungsverfahren (Raffination) den Ansprüchen des Marktes angepaßt werden.

# 6. Erdöl, Erdgas, Kohle
## 6.1. Erdöl

6.1.5.2. **Entschwefelung**
Vor allem bei Benzinen, Dieselölen und Heizölen muß der chemisch gebundene Schwefel abgetrennt werden. Andernfalls würde bei der Verbrennung zu viel $SO_2$ entstehen. Schwefeldioxidhaltige Abgase verursachen erhebliche Korrosionsschäden an Motoren, Heizungsanlagen und Bauwerken. $SO_2$ ist außerdem eines der schädlichsten Umweltgifte. Zum Entschwefeln werden die Erdölprodukte bei hohem Druck mit elementarem Wasserstoff erhitzt. Unter der Wirkung von Katalysatoren bildet sich Schwefelwasserstoff, der abgetrennt werden kann. Aus dem in großer Menge anfallenden $H_2S$ gewinnt man durch Oxidation elementaren Schwefel. Dieser als Nebenprodukt anfallende Schwefel wird von den Erdölraffinerien an die chemische Industrie verkauft.

Vereinfachtes Prinzip der Entschwefelung von Erdöldestillaten:

$$R-S-H + H_2 \longrightarrow R-H + H_2S$$

$$2\,H_2S + O_2 \longrightarrow 2\,H_2O + 2\,S$$

6.1.5.3. **Reformieren**
Die bei der Destillation anfallenden Benzinfraktionen enthalten hauptsächlich geradkettige, unverzweigte Alkane. Das Zündverhalten dieser Benzine in Verbrennungsmotoren ist ungünstig. Hochwertiges Benzin muß einen hohen Anteil an verzweigten oder ringförmigen Kohlenwasserstoffen aufweisen. Durch den Reformierprozess werden geradkettige Kohlenwasserstoffe bei hohem Druck mit Hilfe von Katalysatoren in verzweigte Verbindungen umgewandelt. z. B.:

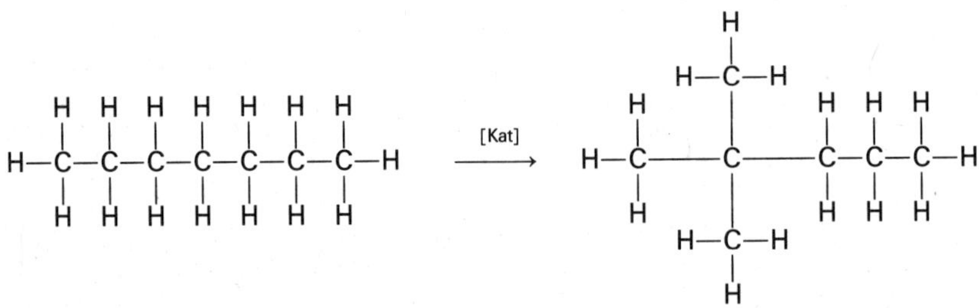


n-Heptan    2,2-Dimethylpentan

6.1.5.4. **Cracken**
Der Bedarf an Benzin ist heute so groß, daß die bei der Destillation anfallenden Benzinfraktionen nicht ausreichen. Durch Hitzeeinwirkung können die langkettigen Kohlenwasserstoffe höhersiedender Fraktionen in kurzkettige Moleküle aufgespalten („gecrackt") werden. Dabei entstehen teilweise auch ungesättigte Kohlenwasserstoffe.

# 6.1.6. Treib- und Heizstoffe aus Erdöl

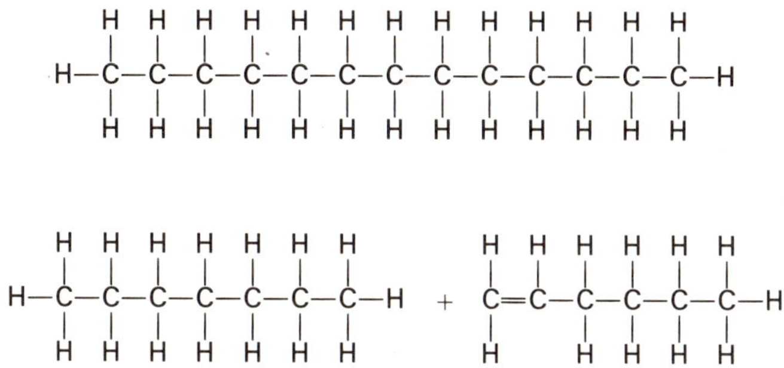

Dieses **thermische Cracken** wird heute immer mehr vom **katalytischen Cracken** verdrängt. Mit Hilfe geeigneter Katalysatoren kann der Crackverlauf so gesteuert werden, daß ganz bestimmte erwünschte Spaltprodukte entstehen, z. B. Ethen $C_2H_4$ als Ausgangsstoff für die chemische Industrie, oder etwas längerkettige Kohlenwasserstoffe zur Autobenzinbereitung.

6.1.6. **Treib- und Heizstoffe aus Erdöl**
**Autobenzin:** Das an den Tankstellen erhältliche Benzin ist ein Gemisch aus verschiedenen Kohlenwasserstoffen, deren Moleküle 5 bis 12 Kohlenstoffatome enthalten. Der Anteil an verzweigten und cyclischen Kohlenwasserstoffen ist bei Qualitätskraftstoff besonders hoch. Gutes Benzin ist „klopffest". Benzin aus geradkettigen Alkanen entzündet sich im Zylinder des Motors häufig schon vorzeitig allein durch die Temperatursteigerung bei der Kompression des Benzindampf-Luftgemisches. Durch solche unkontrollierte Explosionen, noch vor der Auslösung des Zündfunkens, entsteht das typische „Klopfen" oder „Klingeln" im Motor. Der Motor kann dadurch beschädigt werden, außerdem erreicht er nicht seine volle Leistung. Als Maßzahl für die Klopffestigkeit von Autobenzin wurde die Octanzahl (OZ) eingeführt. Man hat dem besonders Klopffesten 2,2,4-Trimethylpentan (= Isooctan) willkürlich die OZ 100 gegeben, das sehr klopffreudige n-Heptan erhielt OZ 0. Autobenzin wird nun mit einem Gemisch aus diesen beiden Kohlenwasserstoffen verglichen. Ein Benzin mit der Octanzahl 96 hat also die gleiche Klopffestigkeit wie ein Gemisch aus 96% 2,2,4-Trimethylpentan und 4% n-Heptan.

Durch besondere chemische Zusätze kann die Klopffestigkeit von Benzin erhöht werden. Der heute am meisten angewandte Zusatz ist Bleitetraethyl $Pb(CH_2-CH_3)_4$.
In Deutschland darf dem Benzin nur 0,15 g Bleitetraethyl pro Liter zugesetzt werden. Damit hofft man, den von Autoabgasen verursachten Bleigehalt der Luft auf ein gesundheitlich unbedenkliches Maß reduziert zu haben.

# 6. Erdöl, Erdgas, Kohle

## 6.1. Erdöl

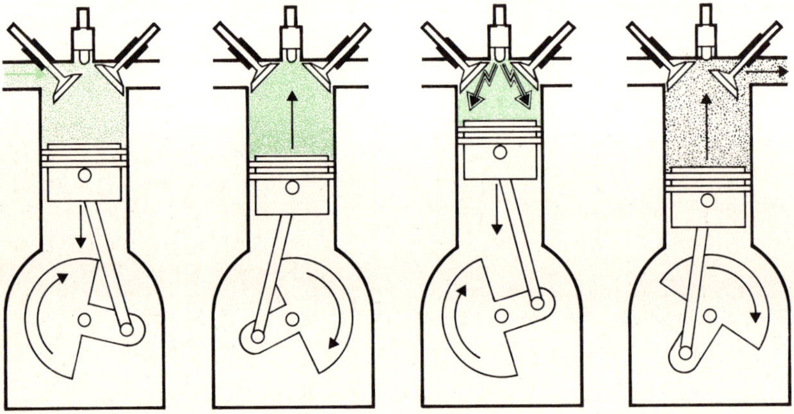


*Abb. 11 Funktionsweise des Benzinmotors*

**Dieselkraftstoff** besteht hauptsächlich aus einem Gemisch aus unverzweigten Kohlenwasserstoffen, deren Moleküle 15–20 Kohlenstoffatome enthalten. Dieselkraftstoff muß sich im Motor bei hohem Druck selbst entzünden. Gutes Dieselöl hat deshalb einen hohen Anteil an geradekettigen Alkanen. Als Maßzahl für die Zündwilligkeit wählte man die Cetanzahl (CZ). Zum Eichen der Cetanzahl von Dieseltreibstoff verwendet man ein Gemisch aus dem sehr zündwilligen n-Hexadecan $C_{16}H_{34}$ (= Cetan) mit der CZ100 und dem sehr zündträgen 1-Methylnaphthalin $C_{11}H_{10}$ mit der CZ0. Dieselkraftstoff mit der CZ48 verhält sich in seiner Zündwilligkeit wie ein Gemisch aus 48% n-Hexadecan und 52% 1-Methylnaphthalin.

**Heizöl** für den Betrieb von Ölheizungen hat eine ähnliche Zusammensetzung wie Dieselkraftstoff. Heizöl ist wesentlich geringer besteuert als Dieselöl. Zur Verhinderung von Steuerhinterziehungen wird das steuerbegünstigte Heizöl mit einem leicht nachweisbaren Farbstoff angefärbt.

**Heizgas:** Die bei der fraktionierten Destillation anfallenden gasförmigen Kohlenwasserstoffe Propan $C_3H_8$ und Butan $C_4H_{10}$ lassen sich durch Druck leicht verflüssigen. Sie kommen in Druckbehältern (meistens sind es Stahlflaschen) als „**Flüssiggas**" in den Handel.

# 6.2. Erdgas
# 6.3. Kohle

## 6.2. Erdgas

Erdgas kommt häufig zusammen mit Erdöl vor. Es dürfte ähnlich wie Erdöl aus Mikroorganismen entstanden sein. Erdgas besteht hauptsächlich aus Methan. Es enthält aber auch noch andere Kohlenwasserstoffe wie Ethan und Propan. Oft ist es noch mit mehr oder weniger geringen Mengen von Kohlendioxid, Stickstoff und Schwefelwasserstoff vermischt. Die Zusammensetzung ist je nach Fundort unterschiedlich.

**Zusammensetzung von Erdgas verschiedener Ursprungsländer in Volumenprozent**

| Lagerstätte | $CH_4$ | $C_2H_6$ | $C_3H_8$ | $CO_2$ | $N_2$ | $H_2S$ |
|---|---|---|---|---|---|---|
| BRD | 83,0 | 0,7 | – | 9,0 | 7,3 | – |
| Nordsee | 94,0 | 3,2 | 1,0 | 0,5 | 1,3 | – |
| Frankreich | 69,2 | 3,3 | 2,1 | 9,6 | 0,6 | 15,2 |
| USSR | 97,7 | 0,7 | 0,3 | – | 1,3 | – |
| Libyen | 67,7 | 19,8 | 12,5 | – | – | – |
| Kanada | 52,4 | 0,4 | 0,7 | 8,2 | 2,5 | 35,8 |

Die Weltvorräte an Erdgas wurden 1977 auf ca. 71 Billionen $m^3$ geschätzt.
Nach dem Anbohren der Lagerstätte strömt das Erdgas wegen des vorhandenen Druckes von selbst aus. In oft viele tausend Kilometer langen Rohrleitungen (*Pipelines*) wird es vom Fundort zu den Großverbrauchern geleitet. Erdgas ist im Vergleich zu anderen Brennstoffen besonders umweltfreundlich. Die in manchen Erdgasen vorhandenen Schwefelverbindungen (hauptsächlich $H_2S$) können leichter entfernt werden als aus anderen Energieträgern.
Erdgas wird nicht nur zur Energiegewinnung genutzt, es ist auch einer der wichtigsten Ausgangsstoffe der chemischen Industrie für großtechnische Synthesen.

## 6.3. Kohle

### 6.3.1. Entstehung

Kohle ist größtenteils pflanzlichen Ursprungs. Im feuchtwarmen Klima der Urzeit waren weite Flächen der Erde mit riesigen, sumpfigen Urwäldern bedeckt. Ein Großteil der abgestorbenen Pflanzen sank auf den Boden der Gewässer oder wurde durch Überschwemmungen mit Wasser, Schlamm und Geröll bedeckt. Der Zutritt von Luftsauerstoff war nicht möglich, so daß die abgestorbenen Pflanzen vor Fäulnis- und Vermoderungsprozessen bewahrt wurden. Unter Luftabschluß begannen Zersetzungsprozesse, bei denen wasserstoff- und sauerstoffreiche flüchtige Verbindungen freigesetzt wurden. Der Kohlenstoffgehalt der Pflanzenreste stieg so ständig an. Es bildete sich allmählich in mächtigen Schichten Torf. Viele dieser Torflager versanken durch Ablagerung (z.B. Sand oder Lehm) und vor allem durch geologische Verschiebungen der Erdkruste in die Tiefe. Durch den nun herrschenden Druck und durch Hitzeeinwirkung setzte sich der Zersetzungsprozess fort, wobei der Kohlenstoffgehalt weiterhin ständig zunahm. Aus Torf bildete sich so in Jahrmillionen Braunkohle und daraus bildete sich in weiteren Millionen von Jahren Steinkohle. Am ältesten ist Anthrazit, er hat einen Kohlenstoffgehalt von über 90%.

Diese Umwandlung von Pflanzen in Kohle nennt man **Inkohlung**. Der Kohlenstoffgehalt (der *Inkohlungsgrad*) ist jedoch nicht allein vom Alter der Kohle abhängig. Faktoren wie die Größe des Druckes und der Temperatur beeinflussen in hohem Maß ebenfalls die Qualität der Kohle.

### 6.3.2. Vorkommen

Kohle lagert in Flözen oft tief unter der Erdoberfläche. Sie muß deshalb bergmännisch abgebaut werden.
Die nutzbaren Kohlevorräte werden heute auf 637 Milliarden Tonnen geschätzt. Bei einem derzeitigen Weltverbrauch von 2–3 Milliarden Tonnen im Jahr würden diese Vorräte also noch einige hundert Jahre reichen.

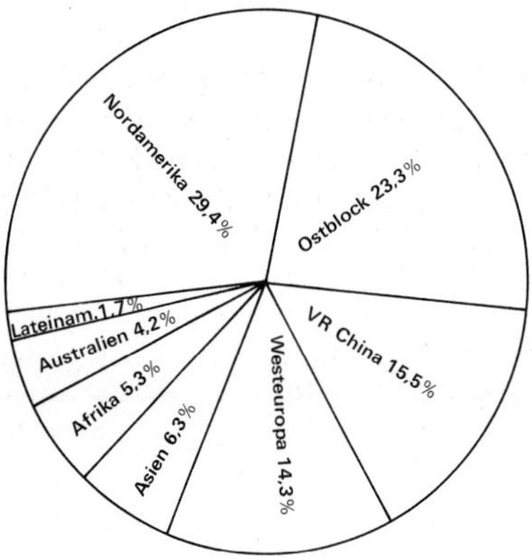


*Abb. 12*
*Verteilung der heute bekannten abbaufähigen Kohlevorkommen*

### 6.3.3. Zusammensetzung und Nutzung

Die genaue Zusammensetzung der Kohle kann auch heute noch nicht in allen Einzelheiten angegeben werden. „Kohle" ist ein Sammelbegriff für ein sehr vielgestaltiges Material, dessen Zusammensetzung je nach Herkunft stark variieren kann. Auf alle Fälle enthält es eine Vielzahl von Kohlenwasserstoffverbindungen, die teilweise eine sehr hohe Molekularmasse aufweisen können (ca. 2000 u). Bei diesen Kohlenwasserstoffen handelt es sich hauptsächlich um Verbindungen mit aromatischem Bindungssystem, deren einfachster Vertreter das Benzol ist (siehe Abschnitt 14).

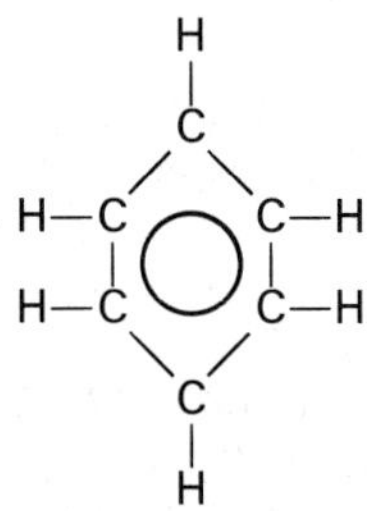

Benzol

Neben den Elementen Kohlenstoff und Wasserstoff sind in Kohle auch Sauerstoff, Stickstoff und Schwefel chemisch gebunden.
Durch Erhitzen unter Luftabschluß (= „trockene Destillation") kann Kohle zersetzt werden. Dabei entweichen Gase und nebelige Dämpfe. Die Dämpfe lassen sich durch Abkühlen zu Teer, einer schwarzen, unangenehm riechenden Flüssigkeit kondensieren. Die nicht verflüssigten Gase sind brennbar, sie sind ein Ge-

misch aus hauptsächlich Methan, Wasserstoff und Kohlenmonoxid, außerdem enthält es etwas Kohlendioxid und Stickstoff. Als Rückstand bleibt ein poröser, schwarzer Feststoff, der Koks. Koks besteht zum größten Teil aus elementarem Kohlenstoff. Kohle wird schon seit vielen Jahrhunderten als Brennstoff genutzt. Ein Großteil der Kohle wird auch heute noch verbrannt. Die dabei frei werdende Verbrennungswärme dient zum Heizen und in Kraftwerken zur Gewinnung von elektrischer Energie. Als Antrieb für Dampfschiffe und -lokomotiven spielt die Kohle heute nur noch eine untergeordnete Rolle.

## 6.3.4. **Kohleveredelung**

Da auch Kohle auf der Erde nicht in unbegrenzter Menge zur Verfügung steht, ist die einfache Verfeuerung der Kohle als „Hausbrand" oder in Kraftwerken eine ungeheure Verschwendung.
Durch Veredelung können aus der geförderten Kohle hochwertige Produkte gewonnen werden, die als Rohstoff für viele Industriezweige unentbehrlich sind.

### 6.3.4.1. **Kohleentgasung**

Eines der wichtigsten Verfahren zur Kohleveredelung ist die trockene Destillation. In speziellen Kokereien wird Kohle in großen Kokskammern auf 600–1000 °C erhitzt. Dabei entstehen Koks, Teer und Gas.
**Koks** ist eines der wichtigsten Reduktionsmittel in der Großtechnik. Er wird vor allem bei der Herstellung von Roheisen und anderen Metallen gebraucht.
**Teer** ist ein flüssiges Gemisch aus sehr vielen wertvollen Substanzen. Man schätzt, daß im Teer etwa 10 000 verschiedene Verbindungen enthalten sind. Bis heute sind davon jedoch erst knapp 500 genau identifiziert. Durch fraktionierte Destillation können aus dem Teer wichtige Ausgangsstoffe für die Farbstoffherstellung und für die pharmazeutische Industrie abgetrennt werden.
Im Steinkohlenteer sind vor allem auch aromatische Verbindungen enthalten. Die wichtigste aromatische Verbindung ist das Benzol, eine ringförmige Kohlenwasserstoffverbindung, in der formell Einfach- und Doppelbindungen aufeinanderfolgen.

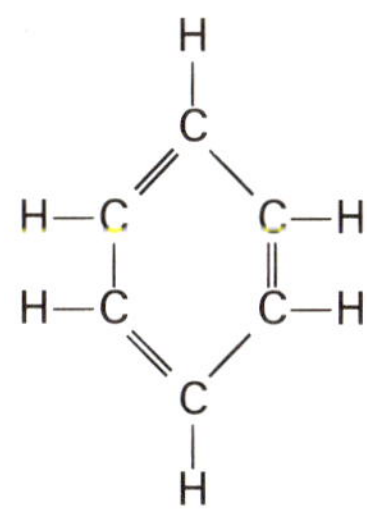

Im Benzol liegen jedoch besondere Bindungsverhältnisse vor, die man durch eine besondere Schreibweise zum Ausdruck bringt (genaueres siehe Abschnitt 15).

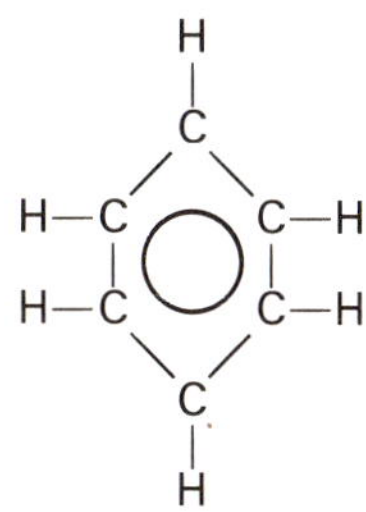

**Gas** (Gemisch aus $H_2$, $CH_4$, CO, $CO_2$ und $N_2$) wird zum Teil in der Kokerei direkt verwendet, es dient zum Aufheizen der Kokskammern. Überschüssiges Kokereigas wird als „Stadtgas" verkauft. Heute wird dieses Stadtgas immer mehr vom Erdgas verdrängt. Erdgas ist im Gegensatz zu Stadtgas (Kohlenmonoxidgehalt!) nicht giftig.

6.3.4.2 **Kohlevergasung**

Um die Kohle in gasförmige Produkte überzuführen, setzt man sie mit Luftsauerstoff und Wasserdampf um. Man erhält so ein Mischgas aus Kohlenmonoxid, Wasserstoff und Stickstoff. Es hat als „Synthesegas" große Bedeutung als Rohstoff für die chemische Industrie.
Wichtige Reaktionen bei der Vergasung der Kohle:

1) $2\,C + \underbrace{4\,N_2 + O_2}_{\text{Luft}} \longrightarrow 2\,CO + 4\,N_2; \quad \Delta H = -221\,kJ$

2) $C + H_2O \longrightarrow CO + H_2; \quad \Delta H = +131\,kJ$

In der Praxis leitet man Luft über glühende Kohle, dabei wird sehr viel Wärme frei, so daß die Kohle bis zur Weißglut erhitzt wird. (Man nennt diesen Vorgang „Heißblasen".)
Anschließend leitet man Wasserdampf über die Weißglut, durch die endotherme Reaktion kühlt sich die Kohle wieder zur Rotglut ab. (Diesen Vorgang nennt man „Kaltblasen".) Durch abwechselndes Heißblasen und Kaltblasen kann Kohle in einem kontinuierlichen Prozess vergast werden.

6.3.4.3 **Kohleverflüssigung**

Nach einem schon 1925 von Franz Fischer (1877–1947) und Hans Tropsch (1889–1935) entwickelten Verfahren können aus Kohlenmonoxid und Wasserstoff mit Hilfe von Katalysatoren Kohlenwasserstoffe synthetisiert werden.

**Beispiel:**

$7\,CO + 15\,H_2 \longrightarrow C_7H_{16} + 7\,H_2O$

Je nach Reaktionsbedingungen (Mischungsverhältnis, Temperatur, Druck) können Kohlenwasserstoffe unterschiedlicher Kettenlänge erzeugt werden. Die Ausgangsstoffe Kohlenmonoxid und Wasserstoff werden durch Kohlevergasung gewonnen (siehe 6.3.4.2.)
Auf diese Weise kann Kohle zu Benzinkohlenwasserstoffen oder auch zu Diesel- oder Schmieröl verflüssigt werden.
Ein anderes Verfahren zur Kohleverflüssigung wurde 1913 von Friedrich Bergius (1884–1949) entwickelt.
Bei diesem „Bergius-Verfahren" erhält man durch Anlagerung von Wasserstoff an Kohle (Hydrierung) bei ca. 500° C und hohem Druck (200 bar) synthetisches Benzin.
Sowohl das Fischer-Tropsch- als auch das Bergius-Verfahren hatten bis zum Ende des zweiten Weltkrieges, vor allem in Deutschland, große Bedeutung. Die Treibstoffsynthese aus Kohle wurde dann zu Gunsten des billigeren und bequemer herzustellenden „Erdölbenzins" zurückgedrängt. Wegen der schwindenden Erdölreserven und wegen der Preisexplosion bei Erdölprodukten könnten beide Verfahren aber schon bald wieder größere Bedeutung erlangen.

# Aufgaben

***Aufgaben:***

*76.* Wie erklärt man sich die Entstehung von Erdöl?
*77.* In welchen Gebieten befinden sich die ergiebigsten Erdölvorkommen?
*78.* Was versteht man unter Pipelines?
*79.* Welche Umweltprobleme ergeben sich mit dem Transport von Erdöl?
*80.* Was ist Erdöl chemisch gesehen?
*81.* Erklären sie den Begriff „fraktionierte Destillation".
*82.* Was ist ein Fraktionierturm?
*83.* Warum wird mit dem bei der Top-Destillation des Erdöls verbliebenen Rückstand eine Vakuum-Destillation durchgeführt?
*84.* Warum dürfen in Benzin, Dieselkraftstoff und Heizöl keine Schwefelverbindungen enthalten sein?
*85.* Geben Sie mit einfachen Formelgleichungen das Prinzip der Entschwefelung von Erdöldestillaten an.
*86.* Was versteht man im Zusammenhang mit Benzin unter dem Ausdruck „Reformieren"?
*87.* Erklären Sie an einem einfachen Beispiel den Begriff „Cracken".
*88.* Warum wird heute neben dem thermischen Cracken immer mehr das katalytische Cracken angewandt?
*89.* Erklären Sie die chemische Zusammensetzung von Autobenzin.
*90.* Was ist klopffestes Benzin?
*91.* Was ist gemeint, wenn man sagt, Benzin habe die Oktanzahl 94?
*92.* Warum mischt man zu Autobenzin Bleitetraethyl?
*93.* Warum hat gutes Dieselöl einen hohen Anteil an geradkettigen Alkanen?
*94.* Wie wird das Zündverhalten von Dieselkraftstoff angegeben?
*95.* Warum wird Heizöl angefärbt?
*96.* Was versteht man unter „Flüssiggas"?
*97.* Wie ist die chemische Zusammensetzung von Erdgas?
*98.* Wozu wird Erdgas hauptsächlich benötigt?
*99.* Was versteht man unter Inkohlungsprozess?
*100.* Was ist der Unterschied zwischen Braunkohle, Steinkohle und Anthrazit?
*101.* Was ist Kohle chemisch gesehen?
*102.* Erklären Sie den Begriff „trockene Destillation".
*103.* Was ist Steinkohlenteer?
*104.* Was ist der Unterschied zwischen Kohleentgasung und Kohlevergasung?
*105.* Auf welchen chemischen Reaktionen beruht die Kohlevergasung?
*106.* Erläutern Sie die Begriffe „Kohleverflüssigung" und „Kohlehydrierung".
*107.* Zeigen Sie mit einer einfachen Formelgleichung das Grundprinzip des FISCHER-TROPSCH-Verfahrens.
*108.* Welche Bedeutung hat die Benzinsynthese heute?

# 7. Alkohole

# 7.1. Systematik und Nomenklatur

Alkohole sind Kohlenwasserstoffe, bei denen ein oder mehrere Wasserstoffatome durch die OH-Gruppe ersetzt sind.

**R–OH**
**allgemeine Formel für Alkohole**

In der organischen Chemie bezeichnet man die OH-Gruppe als Hydroxylgruppe. Die Hydroxylgruppe ist durch Atombindung (Elektronenpaarbindung) an ein Kohlenstoffatom gebunden. Sie darf deshalb nicht mit dem aus der anorganischen Chemie bekannten Hydroxidion (z. B. im NaOH) verwechselt werden.

**Die funktionelle Gruppe der Alkohole ist die Hydroxylgruppe –OH**

## 7.1. Systematik und Nomenklatur der Alkohole

Die Alkohole werden durch Anhängen der Endung -ol an den Kohlenwasserstoff benannt, von dem sie abgeleitet sind. Alkohole, die sich von den Alkanen ableiten, bezeichnet man deshalb als **Alkanole**. Methanol $CH_3OH$, Ethanol $CH_3CH_2OH$, Propanol $CH_3CH_2CH_2OH$ usw. sind Alkanole.

### 7.1.1 Ein- und mehrwertige Alkohole

Enthält ein Alkoholmolekül nur eine OH-Gruppe, so spricht man von einem einwertigen Alkohol. Zweiwertige Alkohole besitzen zwei, dreiwertige drei (usw.) Hydroxylgruppen im Molekül.

Alkohole mit vielen OH-Gruppen bezeichnet man ganz allgemein als **Polyalkohole**. Die Anzahl der Hydroxylgruppen wird durch das jeweilige griechische Zahlwort vor der Endung -ol angegeben. Um eindeutig festzulegen, welche Kohlenstoffatome OH-Gruppen tragen, werden durch nachgestellte Ziffern in Klammern die jeweiligen Kohlenstoffatome bezeichnet (siehe auch Abschnitt 3.5).

**Beispiele:**

a) 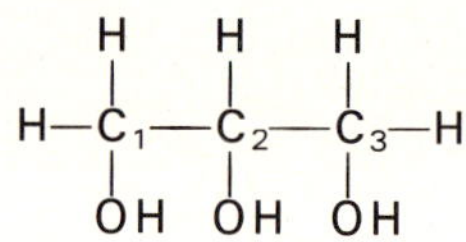

Propantriol- (1,2,3)

Dieser Alkohol leitet sich vom Propan ab, er besitzt drei OH-Gruppen (tri), von denen sich je eine an den Kohlenstoffatomen 1, 2 und 3 befinden.

b) 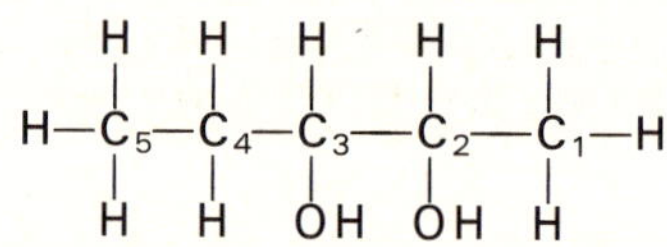

Pentandiol- (2,3)

Dieser Alkohol leitet sich vom Pentan ab, er besitzt zwei OH-Gruppen (di), von denen sich je eine an den Kohlenstoffatomen 2 und 3 befindet. Die Bezeichnung Pentandiol (3,4) wäre hier falsch, weil die Kohlenstoffatome so durchnumeriert werden, daß sich für die Stellung der OH-Gruppen die niedrigsten Zahlen ergeben.

# 7.1. Systematik und Nomenklatur der Alkohole

7.1.2 **Primäre, secundäre und tertiäre Alkohole**

Ebenso wie bei den Kohlenwasserstoffen treten auch bei den Alkoholen Isomere auf. Je höher die Anzahl der Kohlenstoffatome, desto zahlreicher sind die Isomeriemöglichkeiten.

**Beispiel:**

Butanol hat die Summenformel $C_4H_9OH$. Es sind vier Isomere möglich.

Wegen der unterschiedlichen Strukturen, vor allem aber wegen der verschiedenen Stellung der OH-Gruppe zeigen diese vier Verbindungen verschiedene Eigenschaften.

Man spricht von **primären Alkoholen**, wenn das Kohlenstoffatom, welches die OH-Gruppe trägt, nur mit einem weiteren Kohlenstoffatom direkt verbunden ist.
Bei **secundären Alkoholen** ist dieses Kohlenstoffatom mit zwei weiteren, bei **tertiärem Alkohol** mit drei weiteren Kohlenstoffatomen direkt verbunden.

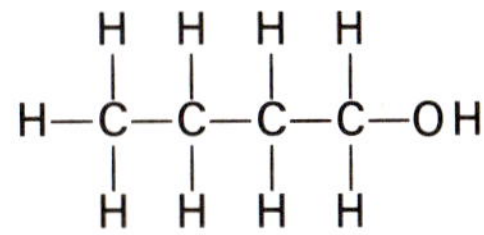

Butanol- (1)
(primärer Alkohol)

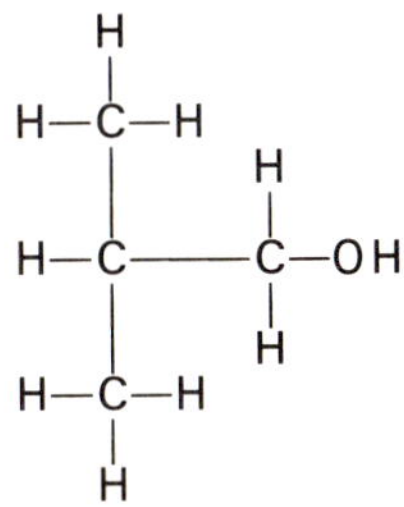

2-Methylpropanol- (1)
(primärer Alkohol)

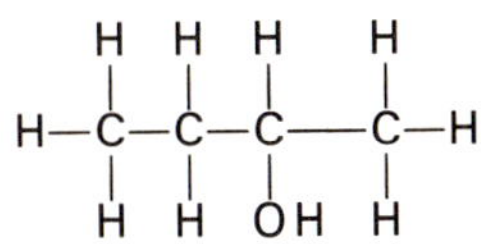

Butanol- (2)
(secundärer Alkohol)

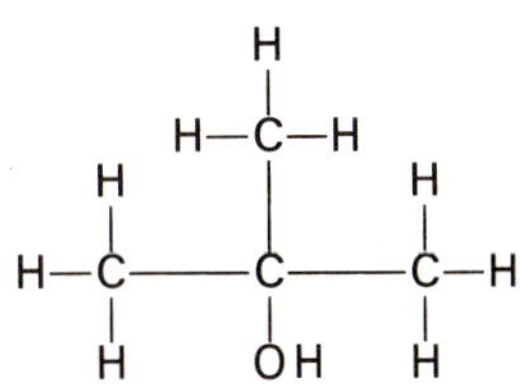

2-Methylpropanol- (2)
(tertiärer Alkohol)

# 7. Alkohole
# 7.2. Eigenschaften der Alkohole

Durch vorsichtige Oxidation können primäre, secundäre und tertiäre Alkohole voneinander unterschieden werden (siehe auch Abschnitt 9).

Primäre Alkohole werden zu Aldehyden oxidiert:

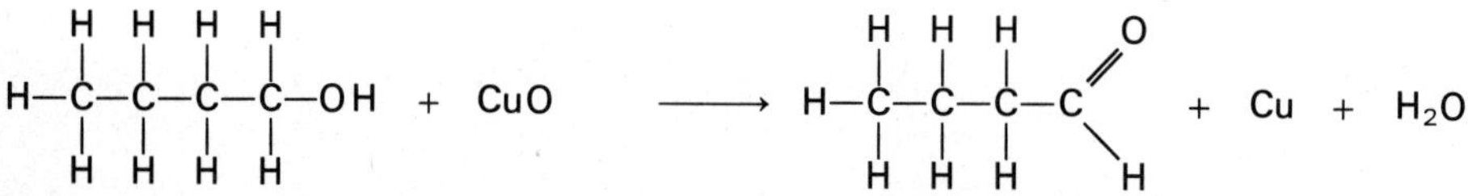


Aldehyd

Secundäre Alkohole werden zu Ketonen oxidiert:

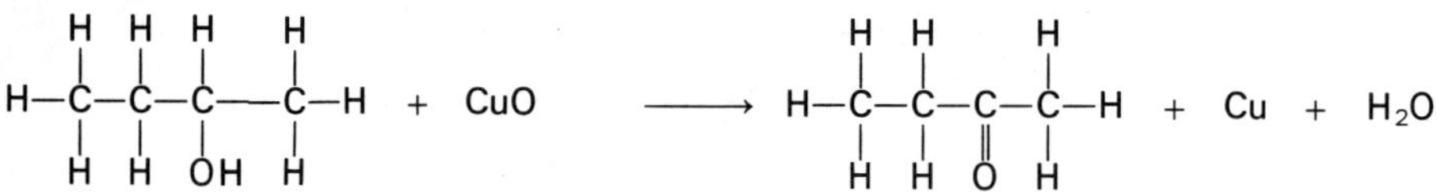


Keton

Tertiäre Alkohole können ohne Zerstörung des Kohlenstoffgerüstes nicht oxidiert werden:

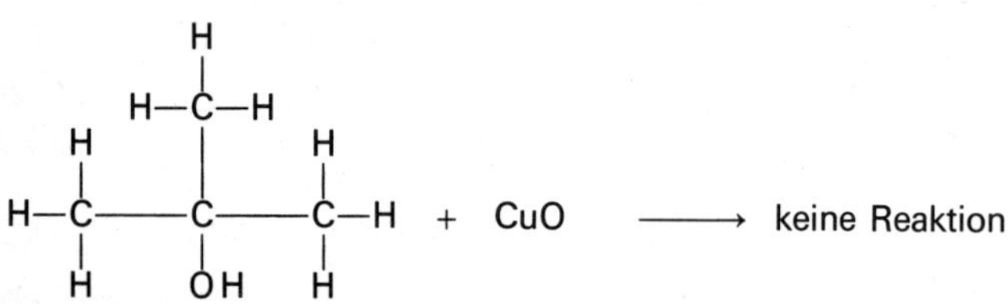


## 7.2 Eigenschaften der Alkohole

Alkoholmoleküle sind Dipole. Sauerstoff ist stark elektronegativ, die Bindungselektronen in der OH-Gruppe werden deshalb vom Sauerstoff stark angezogen. Die Atombindung wird dadurch polarisiert.

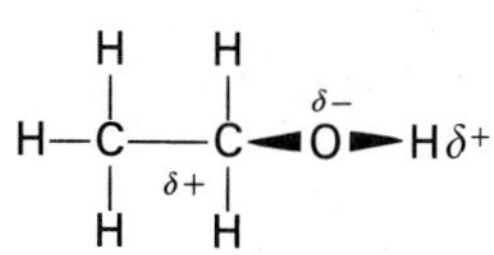

Ethanol als Dipol

# 7.2.1. Schmelz- und Siedepunkt

Wie beim Wasser, so treten auch bei den Alkoholen Wasserstoffbrückenbindungen auf. Dabei wird jeweils ein wegen der Polarisierung schwach positives Wasserstoffatom einer Hydroxylgruppe von einem freien Elektronenpaar am Sauerstoff der Hydroxylgruppe eines benachbarten Alkoholmoleküls schwach gebunden.

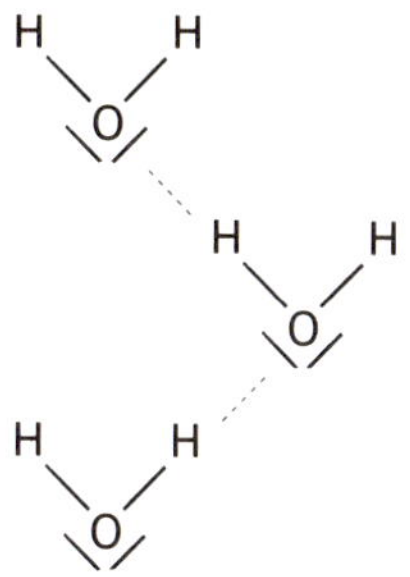

Wasserstoffbrücken beim Wasser

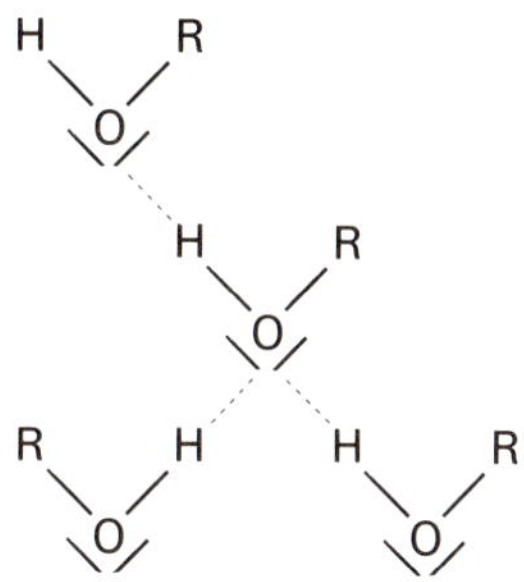

Wasserstoffbrücken bei Alkoholen
R = Kohlenwasserstoffrest

Alkohole haben im Vergleich zu den Kohlenwasserstoffen, von denen sie abgeleitet sind, hohe Schmelz- und Siedepunkte.

**Schmelz- und Siedepunkte von Alkanen und den zugehörigen Alkanolen**

| Alkan | Smp °C | Sdp °C | Alkanol | Smp °C | Sdp °C |
|---|---|---|---|---|---|
| Methan | −184 | −164 | Methanol | − 97,68 | 64,7 |
| Ethan | −172 | − 88,5 | Ethanol | −114,2 | 78,37 |
| Propan | −189,9 | − 42,06 | Propanol-(1) | −126 | 97,2 |
| Butan | −135 | − 0,65 | Butanol-(1) | − 79,9 | 117,5 |

Alkanmoleküle werden untereinander nur durch die verhältnismäßig schwachen VAN DER WAALS'schen Kräfte zusammengehalten. Bei den Alkoholen kommen noch die erheblich stärkeren Kräfte aus den Wasserstoffbrückenbindungen hinzu. Um den Schmelzpunkt bzw. den Siedepunkt zu erreichen, müssen diese Bindungskräfte überwunden werden. Die Änderung der Aggregatzustände bei den Alkoholen erfordert deshalb wesentlich höhere Temperaturen als bei den entsprechenden Alkanen.
Alkane sind in Wasser schwer löslich. Im Gegensatz dazu sind Alkanole mit kurzen Kohlenwasserstoffketten mit Wasser gut

# 7. Alkohole
## 7.2. Eigenschaften der Alkohole

mischbar. Alkoholmoleküle gehen wegen ihrer Dipoleigenschaften mit den Wassermolekülen Wasserstoffbrückenbindungen ein. Die Hydroxylgruppe bezeichnet man deshalb als **hydrophil** (griechisch: wasserfreundlich). Kohlenwasserstoffe sind hydrophob (griechisch: wasserfeindlich).
Bei Alkoholen mit längeren Kohlenwasserstoffketten überwiegt der hydrophobe Einfluß. Mit zunehmender Kettenlänge werden Alkohole deshalb immer weniger wasserlöslich.

$$CH_3-CH_2-CH_2-CH_2-OH$$

hydrophob hydrophil

In unpolaren Lösungsmitteln, wie z. B. in flüssigen Alkanen, lösen sich Alkohole gut. Der Grund dafür ist der Alkylrest der Alkohole.
Vergleicht man die Struktur von Alkoholmolekülen mit Wassermolekülen, so kann man Ähnlichkeiten feststellen.

Wasser Alkohol

Alkohol kann man als Wasser betrachten, bei dem ein Wasserstoffatom durch einen Alkylrest (R) ersetzt wurde.
Ähnlich wie Wasser, so reagieren deshalb auch Alkohole mit elementarem Natrium:

$$2\,R-OH + 2\,Na \longrightarrow 2\,R-O^-Na^+ + H_2\uparrow$$

Dabei entsteht unter Wasserstoffentwicklung eine salzartige Verbindung, die man als **Natriumalkoholat** bezeichnet.

Alkohole sind brennbar, sie haben deshalb eine wichtige Bedeutung als Energielieferanten.

$$CH_3-CH_2-OH + 3\tfrac{1}{2}\,O_2 \longrightarrow 2\,CO_2 + 3\,H_2O; \quad -\Delta H$$

Ethanol ist der Hauptbestandteil von Brennspiritus, Methanol findet in zunehmenden Maße als Treibstoff bei Verbrennungsmotoren an Stelle von Benzin Verwendung.

### 7.3 Wichtige Alkohole

**Methanol** $CH_3OH$, auch Methylalkohol genannt, ist ein wichtiger Grundstoff für die chemische Industrie. Großtechnisch wird Methanol aus Synthesegas hergestellt (siehe Abschnitt 6.3.4.2).

$$CO + 2\,H_2 \longrightarrow CH_3OH$$

Ein Großteil des Methanol wird zu Formaldehyd oxidiert (siehe Abschnitt 9.1) und bildet so einen wichtigen Ausgangsstoff für die Kunststoffindustrie. Methanol ist außerdem ein wichtiges Lösungsmittel für Öle, Fette, Harze und Lacke. In Wasser gegeben dient es manchmal auch als Frostschutzmittel. Darüberhinaus wächst die Bedeutung von Methanol als Energielieferant in Verbrennungsmotoren, in Brennstoffzellen und als Raketentreibstoff. Methanol ist wie alle Alkohole giftig. Schon wenige Gramm Methanol wirken auf den menschlichen Organismus tödlich oder führen zur Erblindung.
**Ethanol** $C_2H_5$–OH, auch Äthylalkohol (Ethylalkohol) genannt, hat als Lösungsmittel, Energieträger und Frostschutzmittel eine ähnlich wichtige Bedeutung wie Methanol. Ethanol ist auch ein wichtiger

# 7.3. Wichtige Alkohole

Bestandteil kosmetischer Produkte (Haarwasser, Rasierwasser usw.). Die großtechnische Gewinnung von Industriealkohol erfolgt hauptsächlich durch katalytische Anlagerung von Wasser an Ethen.

$$CH_2{=}CH_2 + H_2O \longrightarrow CH_3CH_2{-}OH$$

Erhebliche Mengen Ethanol werden für alkoholische Getränke verbraucht.
Der für Genußzwecke vorgesehene Alkohol wird hauptsächlich in Form von „Weingeist" mit Hilfe von Hefe über die alkoholische Gärung aus Glucose (*Traubenzucker*) hergestellt.

$$\underset{\text{Glucose}}{C_6H_{12}O_6} \xrightarrow{[\text{Hefe}]} \underset{\text{Ethanol}}{2\,C_2H_5OH} + \underset{\text{Kohlendioxid}}{2\,CO_2};$$

$$\Delta H = -88\,\text{kJ}$$

Ethanol (*Äthylalkohol*) hat in begrenzten Mengen berauschende und narkotische Wirkung, wobei das Reaktionsvermögen und die Konzentrationsfähigkeit stark herabgesetzt werden und gleichzeitig eine psychische Enthemmung eintritt. Regelmäßiger und häufiger Alkoholkonsum führt zur Alkoholsucht. Der Organismus eines Alkoholikers verlangt in immer kürzeren Zeitabständen nach Alkohol. Alkoholsucht führt zum Verfall der Persönlichkeit und letzten Endes zur geistigen Verwirrung (Alkoholdelirium). Besonders gefährlich ist das Führen von Kraftfahrzeugen nach Alkoholgenuß. Schon ein sehr geringer Alkoholgehalt im Blut (ab etwa 0,3‰) kann zur Fahruntüchtigkeit und damit zu folgenschweren Unfällen führen. Mit Hilfe der „Alcotestreaktion" erhält man einen Hinweis auf den Blutalkoholgehalt. Dabei wird der Alkoholgehalt in der Atemluft gemessen. Man hat festgestellt, daß der Alkoholgehalt in der Atemluft und der Alkoholgehalt im Blut in einem bestimmten Verhältnis zueinander stehen.
Im „Reaktionsröhrchen" für den Alcotest befindet sich Kaliumdichromat. Dieses orangefarbige Salz enthält Chrom der Oxidationsstufe +VI. Durch Alkohol wird es zu grünem Chrom der Oxidationsstufe +III reduziert. Die Intensität der Grünfärbung läßt Rückschlüsse auf den Blutalkoholgehalt zu.

$$\underset{\text{orangefarben}}{Cr_2O_7^{2-}} + 3\,C_2H_5OH + 8\,H^+ \longrightarrow$$

$$\underset{\text{grün}}{2\,Cr^{3+}} + 3\,CH_3CHO + 7\,H_2O$$

Der Alkohol wird dabei zu Acetaldehyd (siehe Abschnitt 9.1) oxidiert.
**Ethandiol-(1,2)** $C_2H_4(OH)_2$, auch Glykol genannt, ist ein zweiwertiger Alkohol mit der Strukturformel

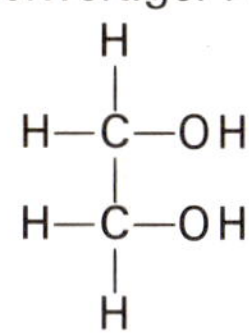

Dieser Alkohol findet als Gefrierschutzmittel für Motorkühler Verwendung.
Glykol ist außerdem ein wichtiger Grundstoff in der Kunststoffindustrie.
**Propantriol**-(1,2,3) $C_3H_5(OH)_3$, auch Glycerin genannt, ist ein dreiwertiger Alkohol mit der Strukturformel

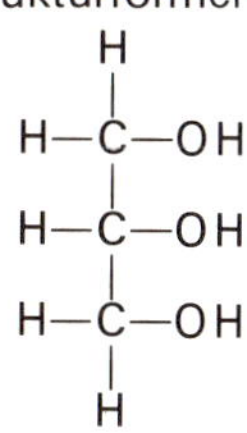

# 7. Alkohole
# Aufgaben

Glycerin ist zähflüssig, farblos und süßschmeckend. Die Zähflüssigkeit (hohe Viskosität) ist auf die hohe Anzahl von Wasserstoffbrückenbindungen zurückzuführen, die sich aus der Häufung der OH-Gruppen ergeben. Wie Glykol wird es als Frostschutzmittel für Autokühler verwendet, außerdem ist es Hauptbestandteil der Bremsflüssigkeit in hydraulischen Bremsanlagen bei Kraftfahrzeugen. Auch in der Kunststoffindustrie und in der Kosmetikindustrie ist Glycerin ein wichtiger Grundstoff. Den größten Bedarf an Glycerin hat jedoch die Sprengstoffindustrie zur Herstellung von Nitroglycerin. (Siehe auch Seite 58).

***Aufgaben:***

*109.* Was sind Alkohole?
*110.* Worin unterscheiden sich die Hydroxylgruppe und die Hydroxidgruppe?
*111.* Was sind Alkanole?
*112.* Was versteht man unter der Wertigkeit von Alkoholen?
*113.* Was sind Polyalkohole?
*114.* Wie lautet die Strukturformel von Propanol-(2)?
*115.* Geben Sie den korrekten Namen für folgende Verbindung an:

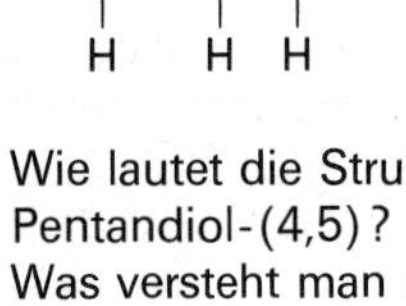


*116.* Wie lautet die Strukturformel von Pentandiol-(4,5)?
*117.* Was versteht man unter primären, secundären und tertiären Alkoholen?
*118.* Wie kann Propanol-(1) von Propanol-(2) durch eine chemische Reaktion unterschieden werden?
*119.* Was geschieht, wenn 2-Methylpropanol-(2) mit Kupferoxid oxidiert wird?
*120.* Warum hat Ethanol einen wesentlich höheren Siedepunkt als Ethan?
*121.* Warum lösen sich Methanol, Ethanol und Propanol im Gegensatz zu den entsprechenden Alkanen in Wasser sehr gut?
*122.* Was versteht man unter den Ausdrücken „hydrophil" und „hydrophob"?
*123.* Warum ist Butanol-(1) in Wasser wesentlich schwerer löslich als Ethanol?
*124.* Wie ist es zu erklären, daß Natrium mit Ethanol reagiert?
*125.* Was ist Natriummethylat?
*126.* Nennen sie wichtige Verwendungsmöglichkeiten für Methanol.
*127.* Wie kann Methanol großtechnisch gewonnen werden?
*128.* Wie kann man großtechnisch Ethanol herstellen?
*129.* Was versteht man unter alkoholischer Gärung?
*130.* Wozu dient die Alcotestreaktion? Welcher chemische Vorgang liegt ihr zugrunde?
*131.* Was ist Glycol? Wozu wird es verwendet?
*132.* Wie lautet der chemisch korrekte Name für Glycerin?
*133.* Wie ist die hohe Viskosität von Glycerin zu erklären?
*134.* Nennen Sie wenigstens drei wichtige Verwendungsmöglichkeiten für Glycerin.

# 8. Ether (früher Äther) Aufgaben

Ether kann man sich entstanden denken durch Substitution der beiden Wasserstoffatome des Wassers durch Alkylreste. Bei zwei gleichen Alkylgruppen spricht man von einfachen, bei verschiedenen Alkylgruppen von gemischten Ethern.

**$R_1-O-R_2$**
**Allgemeine Formel für Ether**

Beispiel für einen einfachen (*symmetrischen*) Ether:

$C_2H_5-O-C_2H_5$ Diethylether

Beispiel für einen gemischten (*asymmetrischen*) Ether:

$CH_3-O-C_2H_5$ Methylethylether

Ether haben im Vergleich zu den Alkoholen niedrigere Siedepunkte. Der Grund dafür ist, daß am Sauerstoff kein Wasserstoffatom mehr gebunden ist und sich deshalb zwischen den Ethermolekülen auch keine Wasserstoffbrückenbindungen ausbilden können. Dimethylether und Ethylalkohol haben die gleiche Summenformel $C_2H_6O$, ihre Siedepunkte unterscheiden sich jedoch erheblich voneinander:

| | |
|---|---|
| Ethylalkohol: | + 78,4° C |
| Dimethylether: | – 24,9° C |

Das chemische Verhalten der Ether kann als sehr träge bezeichnet werden. Im Ethermolekül ist kein durch Natrium ersetzbares Wasserstoffatom enthalten.
Die Ether ähneln in ihren wesentlichen chemischen und physikalischen Eigenschaften den Alkanen.
Der wichtigste Ether ist der Diethylether $C_2H_5-O-C_2H_5$. Im Sprachgebrauch wird er als „Äther" bezeichnet.
Er kann durch Dehydratisierung (Wasserabspaltung) von Ethanol hergestellt werden, als wasserentziehendes Mittel dient konzentrierte Schwefelsäure:

$$\begin{matrix} C_2H_5\boxed{OH} \\ C_2H_5O\boxed{H} \end{matrix} \xrightarrow{H_2SO_4} C_2H_5-O-C_2H_5 + H_2O$$

Diethylether dient als Lösungsmittel.
„Äther" verdampft sehr leicht und bildet mit Luft hochexplosive Mischungen.
In der Medizin dient Diethylether als Narkosemittel bei chirurgischen Eingriffen. Das bekannte belebende und krampflösende Mittel „Hoffmannstropfen" besteht aus 1 Teil „Äther" und 3 Teilen „Äthylalkohol". Die ehemals große Bedeutung von Diethylether geht jedoch wegen seiner Feuergefährlichkeit immer mehr zurück.

***Aufgaben:***

*135.* Was sind einfache Ether, was sind gemischte Ether?
*136.* Dimethylether und Ethanol haben die gleiche Summenformel $C_2H_6O$. Warum unterscheiden sie sich in ihren Siedepunkten stark?
*137.* Zur Herstellung von völlig wasserfreiem („absolutem") Diethylether gibt man elementares Natrium direkt in die Flüssigkeit. Warum ist dieses Verfahren zur Gewinnung von „absolutem" Alkohol ungeeignet?
*138.* Wie kann Diethylether hergestellt werden? Formelgleichung!
*139.* Wozu wird Diethylether verwendet?
*140.* Warum geht die Bedeutung von „Äther" immer mehr zurück?

# 9. Oxidationsprodukte von Alkoholen

Oxidiert man Alkanole, so erhält man aus primären Alkoholen Aldehyde und aus secundären Alkoholen Ketone(siehe auch Abschnitt 7.1.2).
Sowohl Aldehyde als auch Ketone enthalten als funktionelle Gruppe die **Carbonylgruppe**.

**Carbonylgruppe** 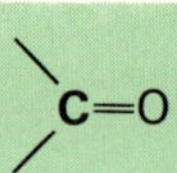

Wegen der hohen Elektronegativität des Sauerstoffs werden die Bindungselektronen auf die Seite des Sauerstoffs gezogen. Die Carbonylgruppe ist deswegen stark polar.

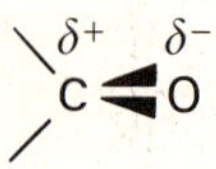

Daraus erklärt sich die Reaktionsfreudigkeit der Substanzen, die diese funktionelle Gruppe enthalten.
Aldehyde können weiter oxidiert werden, dabei entstehen Carbonsäuren. Ketone lassen sich ohne Zerstörung des Kohlenstoffgerüsts nicht weiter oxidieren.

### 9.1 Aldehyde

Aldehyde entstehen durch Oxidation primärer Alkohole:

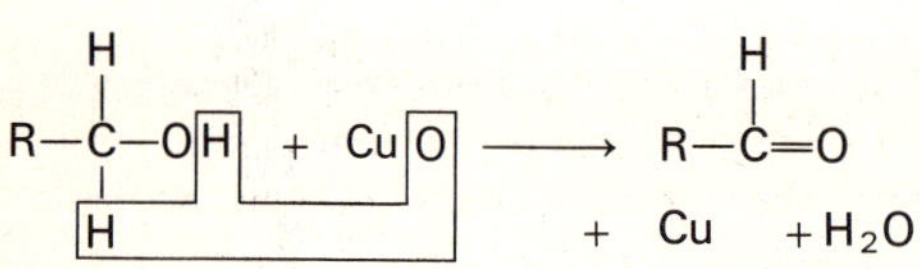

Alkohol Aldehyd

Vom Alkohol wurde also bei der Oxidation Wasserstoff abgespalten. Justus von Liebig (1803–1873) nannte dieses Oxidationsprodukt „**Al**koholus **dehyd**rogenatus". Er bildete daraus die Kurzbezeichnung **Aldehyd.**
Nach den internationalen Nomenklaturregeln werden die einzelnen Aldehyde heute durch Anhängen der Endung -al an den Namen des zugrunde liegenden Alkans bezeichnet.

**Beispiele:**

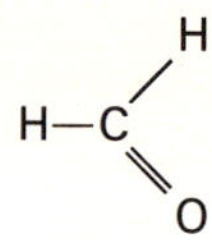

Methanal

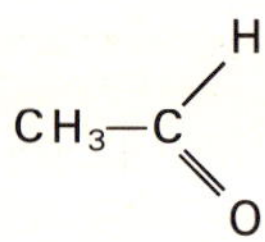

Ethanal

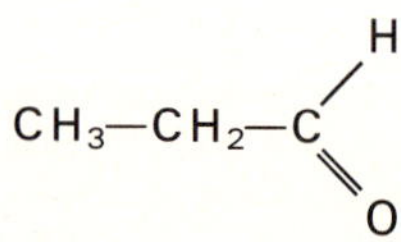

Propanal

Allgemein bezeichnet man heute Aldehyde als Alkanale.

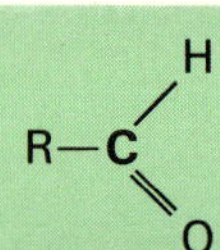

**Allgemeine Formel für Alkanale**
**R kann hier ein Kohlenwasserstoffrest oder ein Wasserstoffatom sein.**

# 9.1. Aldehyde

Aldehyde können weiter oxidiert werden, sie sind deshalb ausgeprägte Reduktionsmittel. Diese Eigenschaft wird in der Fehlingprobe und in der Silberspiegelprobe ausgenutzt. Beides sind wichtige Nachweisreaktionen in der organischen Chemie.

**Fehlingprobe:** Die tiefblaue Fehlingsche Lösung ist stark basisch und enthält Kupfer der Oxidationsstufe +II. Dieses wird durch Aldehyde zu Kupfer der Oxidationsstufe +I reduziert. Es entsteht ein ziegelroter Niederschlag aus $Cu_2O$. Der Aldehyd wird dabei zur Carbonsäure oxidiert.

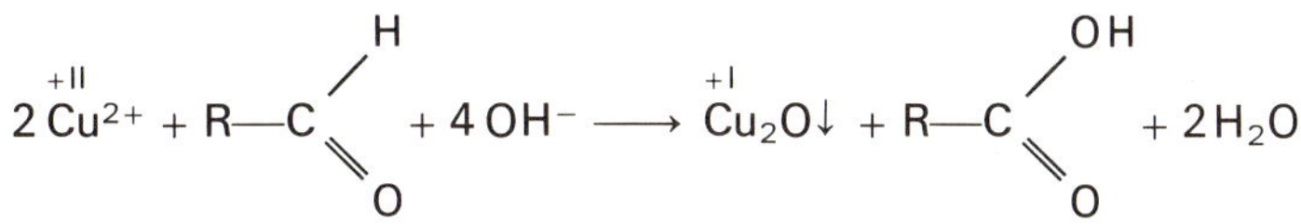

Aldehyd Carbonsäure

**Silberspiegelprobe:** Man verwendet ammoniakalische Silbernitratlösung. Diese basische Lösung enthält Silberionen, die durch Aldehyde zu metallischem Silber reduziert werden. Das Silber schlägt sich als glänzender Spiegel an der Wand des Reaktionsgefäßes nieder. Auch hier wird der Aldehyd zu Carbonsäure oxidiert.

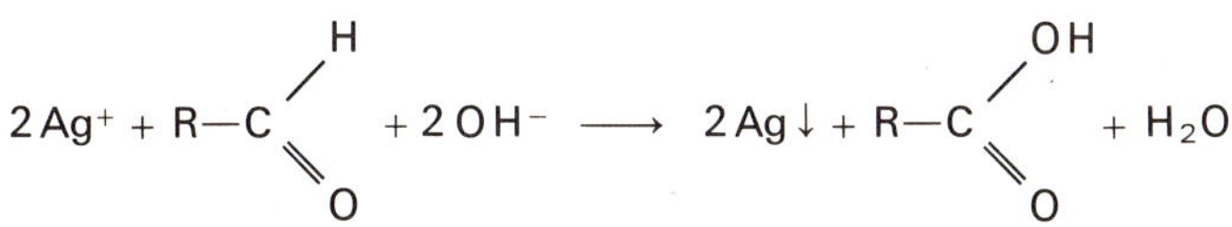

Aldehyd Carbonsäure

Eine wichtige Nachweisreaktion für die Aldehydgruppe 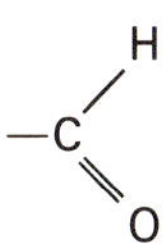 ist die Schiffsche Probe. Dabei reagiert „Schiffsches Reagenz" (fuchsinschwefelige Säure) mit Alkanalen, wodurch eine kräftige Rotfärbung eintritt. Ketone reagieren mit fuchsinschwefeliger Säure nicht. Die Schiffsche Probe eignet sich also gut zur

# 9. Oxidationsprodukte von Alkoholen

Unterscheidung von Aldehyden und Ketonen.
Die Anfangsglieder der homologen Reihe der Alkanale sind zugleich die bekanntesten und wichtigsten Vertreter der Aldehyde:

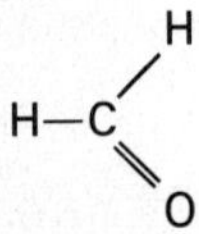
Methanal (Formaldehyd)

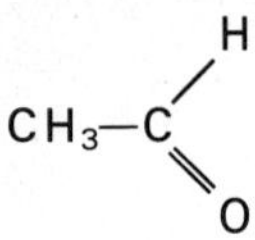
Ethanal (Acetaldehyd)

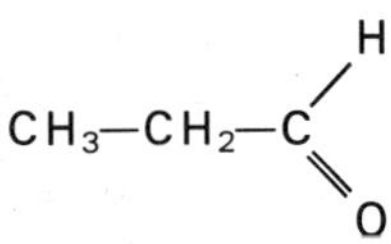
Propanal (Propylaldehyd)

Neben ihrer reduzierenden Wirkung zeigen Aldehyde ausgeprägte Neigung zu Additions- und Polymerisationsreaktionen. Die Doppelbindung zwischen Sauerstoff und Kohlenstoff in der Carbonylgruppe ist der Grund dafür.

**Beispiel für eine Additionsreaktion:**
Unter dem Einfluß eines Katalysators kann Wasserstoff addiert werden. Dabei entsteht ein Alkohol.

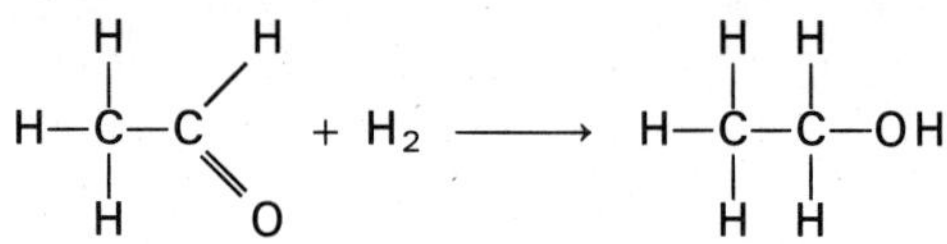
Ethanal Ethanol

**Beispiel für eine Polymerisationsreaktion:**
Bildung von Polymethanal (Paraformaldehyd) aus Methanal.

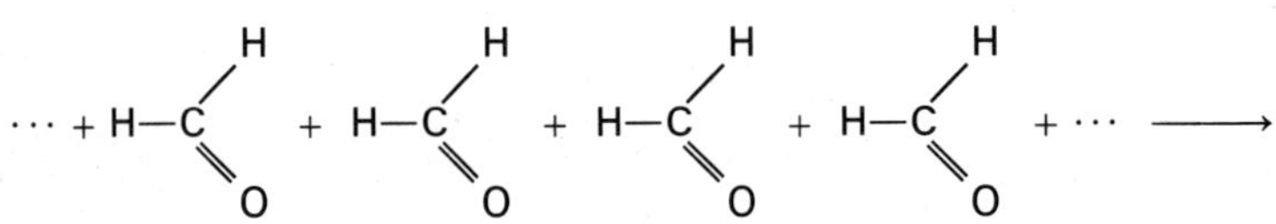
monomeres Methanal

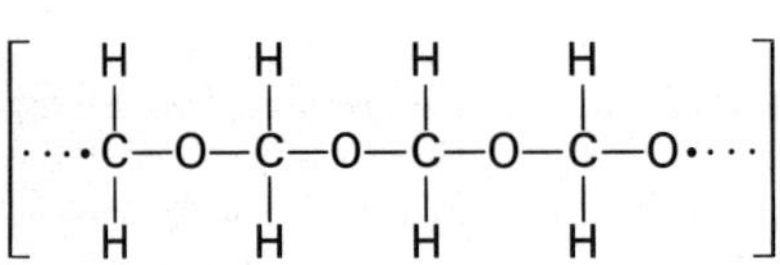
polymeres Methanal (Polymethanal)

# 9.2. Ketone

***Aufgaben:***

*141.* Was ist eine Carbonylgruppe? Wie erklären sich ihre Eigenschaften?

*142.* Wie können Aldehyde entstehen? Was ist ihre funtionelle Gruppe?

*143.* Wie ist der Begriff Aldehyd entstanden?

*144.* Geben Sie die Strukturformeln der ersten drei Glieder der homologen Reihe der Alkanale an.

*145.* Warum sind Aldehyde Reduktionsmittel?

*146.* Was geschieht, wenn Propanal mit dem Fehlingschen Reagenz geprüft wird? Reaktionsgleichung.

*147.* Geben Sie die Reaktionsgleichung für die Silberspiegelprobe mit Formaldehyd an.

*148.* Was versteht man unter der Schiffschen Probe?

*149.* Nennen Sie drei wichtige chemische Eigenschaften der Alkanale.

*150.* Wie kann aus Ethanal Ethanol hergestellt werden?

*151.* Was ist Polymethanal?

## 9.2. Ketone

Ketone entstehen durch Oxidation secundärer Alkohole.

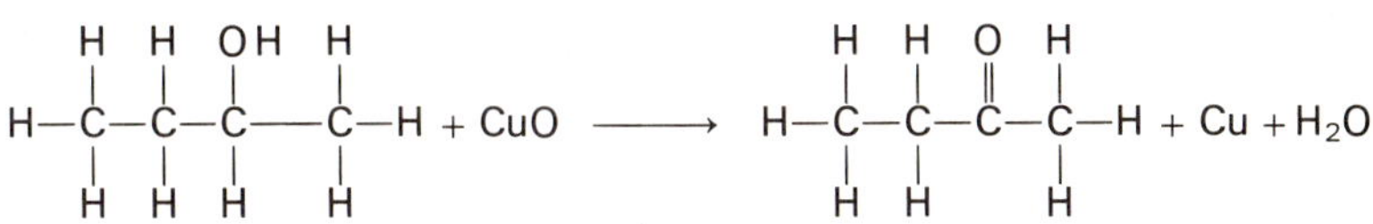

sec. Alkohol — Keton

Bei Ketonen ist als funktionelle Gruppe die Carbonylgruppe 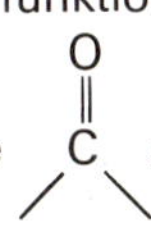 zwischen zwei Kohlenwasserstoffresten angeordnet.

Die Benennung erfolgt durch Anhängen der Endung -on an den zugrundeliegenden Kohlenwasserstoff, wobei durch eine nachgestellte eingeklammerte Ziffer angegeben wird, an welches Kohlenstoffatom der Sauerstoff gebunden ist.

**Beispiel:**

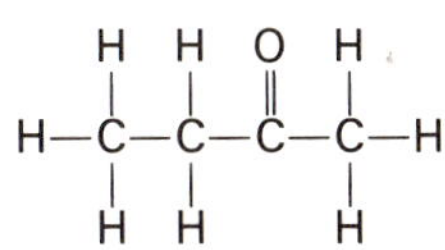

Butanon-(2)

Gebräuchlicher, besonders bei längerkettigen Ketonen, ist eine andere Benennungsweise: Man stellt vor die Silbe Keton die Namen der beiden Kohlenwasserstoffreste in alphabetischer Reihenfolge.

# 9. Oxidationsprodukte von Alkoholen

**Beispiel:**

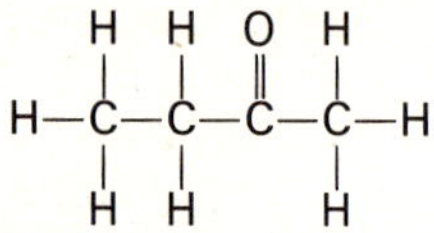

Ethylmethylketon

Allgemein bezeichnet man heute Ketone als Alkanone.

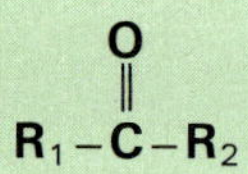

**Allgemeine Formel für Ketone**

Ketone können ohne Zerstörung des Kohlenstoffgerüstes nicht mehr weiter oxidiert werden. Der Grund dafür ist, daß den Ketonen im Gegensatz zu den Aldehyden das leichtangreifbare Wasserstoffatom an der Carbonylgruppe fehlt. Ketone reduzieren also nicht.

Ketone sind weniger reaktionsfreudig als die Aldehyde, so zeigt sich z. B. keine Polymerisationsbereitschaft. Die Neigung zur Addition beruht wie bei den Aldehyden auf der polarisierten Doppelbindung zwischen Sauerstoff und Kohlenstoff in der Carbonylgruppe.

**Beispiel für eine Additionsreaktion:**

Unter dem Einfluß eines Katalysators kann Wasserstoff addiert werden. Dabei entsteht ein secundärer Alkohol:

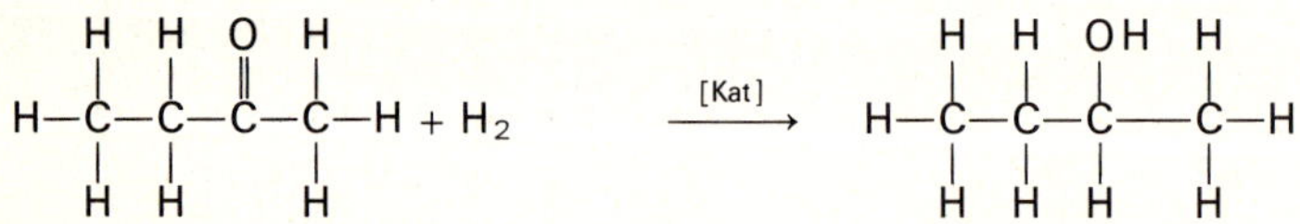

Butanon-(2) Butanol-(2)

Das bekannteste und zugleich einfachste Keton ist das Propanon oder Dimethylketon. Es wird auch Aceton genannt. Aceton ist ein hervorragendes Lösungsmittel. Es ist mit Wasser und den meisten organischen Lösungsmitteln in jedem Verhältnis mischbar.

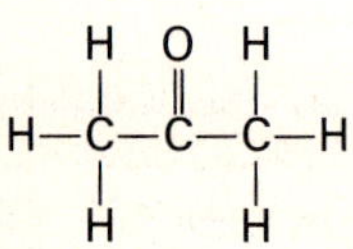

Propanon = Dimethylketon = Aceton

***Aufgaben:***

*152.* Was sind Ketone? Wie lautet ihre allgemeine Strukturformel?

*153.* Wie können Ketone entstehen?

*154.* Was ist die funktionelle Gruppe der Ketone?

*155.* Schreiben Sie die Strukturformel für Hexanon-(3). Wie kann diese Verbindung noch benannt werden?

*156.* Was ist Aceton? Wozu wird es hauptsächlich verwendet?

*157.* Wie reagiert Pentanon-(2) mit Wasserstoff bei Anwesenheit eines Katalysators?

# 9.3. Carbonsäuren

## 9.3. Carbonsäuren

Die Oxidation von Aldehyden führt zu Carbonsäuren.

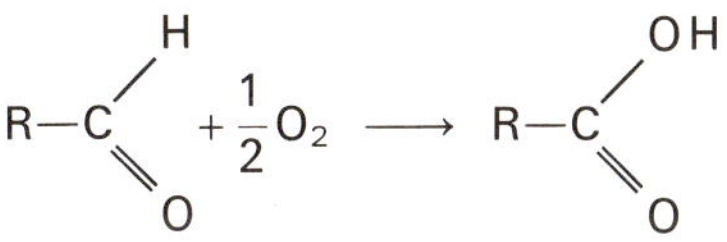

Aldehyd Carbonsäure

Die funktionelle Gruppe der Carbonsäuren ist die Carboxylgruppe.

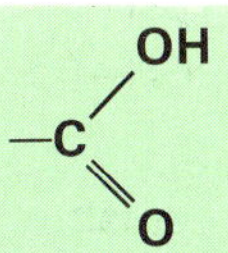

**Carboxylgruppe**

Durch die Wirkung des benachbarten doppelt gebundenen Sauerstoffs am gleichen Kohlenstoffatom ist die –O–H Bindung in der Carboxylgruppe stark polar. Die Carboxylgruppe kann deshalb leicht den Wasserstoff als Proton abgeben. Verbindungen, die eine oder mehrere Carboxylgruppen besitzen, sind also Säuren. In wässeriger Lösung tritt z. B. folgende Gleichgewichtsreaktion ein:

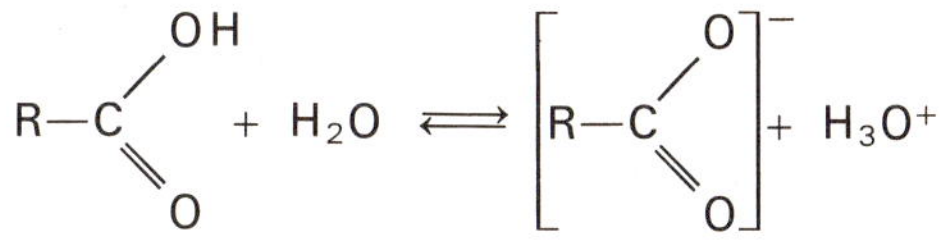

Carbonsäure Carbonsäureion Oxoniumion

Protolysengleichgewicht einer Carbonsäure in Wasser.

Carbonsäuren mit nur einer Carboxylgruppe nennt man **Monocarbonsäuren**. Leiten sich diese Säuren von Alkanen ab, so spricht man von **Monoalkansäuren**. Die allgemeine Summenformel der homologen Reihe der Monoalkansäuren lautet $C_nH_{2n+1}COOH$.
Die Namen der einzelnen Monoalkansäuren werden durch Anhängen der Bezeichnung **-säure** an den Namen des zugrunde liegenden Alkans gebildet.
Manche Carbonsäuren sind jedoch schon lange bekannt, deshalb sind ihre Trivialnamen häufig gebräuchlicher als ihre international exakten Bezeichnungen.
Auch für die Salze (bzw. die Säurereste) dieser Säuren werden anstelle der exakten Nomenklatur bevorzugt Trivialnamen verwendet.
In folgender Tabelle sind wichtige Monoalkansäuren zusammengefaßt:

| **Trivialname** | **exakter Name** | **Formel** | **Salzname bzw. Säurerest trivial** | **Salzname bzw. Säurerest exakt** |
|---|---|---|---|---|
| Ameisensäure | Methansäure | $HCOOH$ | Formiat | Methanat |
| Essigsäure | Ethansäure | $CH_3COOH$ | Acetat | Ethanat |
| Propionsäure | Propansäure | $CH_3CH_2COOH$ | Propionat | Propanat |
| Buttersäure | Butansäure | $CH_3(CH_2)_2COOH$ | Butyrat | Butanat |
| Palmitinsäure | Hexadecansäure | $CH_3(CH_2)_{14}COOH$ | Palmitat | Hexadecanat |
| Stearinsäure | Octadecansäure | $CH_3(CH_2)_{16}COOH$ | Stearat | Octadecanat |

# 9. Oxidationsprodukte von Alkoholen

Kurzkettige Carbonsäuren sind aufgrund des hydrophilen Charakters der Carboxylgruppe sehr gut wasserlöslich. Mit länger werdender Kohlenwasserstoffkette nimmt die Wasserlöslichkeit jedoch ab. Langkettige Carbonsäuren sind wasserunlöslich, weil der hydrophobe Charakter des Kohlenwasserstoffrestes überwiegt.

Alkansäuren nennt man auch **gesättigte Carbonsäuren,** weil sich ihre Kohlenwasserstoffreste von gesättigten Kohlenwasserstoffen (den Alkanen) ableiten. Leiten sich die Kohlenwasserstoffreste von ungesättigten Kohlenwasserstoffen ab, so spricht man von **ungesättigten Carbonsäuren**. Wichtige ungesättigte Carbonsäuren:

| | |
|---|---|
| Acrylsäure (Propensäure) | $CH_2{=}CH{-}COOH$ |
| Ölsäure | $CH_3{-}(CH_2)_7{-}CH{=}CH{-}(CH_2)_7{-}COOH$ |
| Linolsäure | $CH_3{-}(CH_2)_4{-}CH{=}CH{-}CH{=}CH{-}(CH_2)_7{-}COOH$ |
| Linolensäure | $CH_3{-}CH_2{-}CH{=}CH{-}CH_2{-}CH{=}CH{-}CH_2{-}CH{=}CH{-}(CH_2)_7{-}COOH$ |

Ungesättigte Carbonsäuren haben einen deutlich tieferen Schmelzpunkt als gesättigte Carbonsäuren. So sind die Ölsäure (Smp. +13° C), Linolsäure (Smp. −5° C) und Linolensäure (Smp. −11° C) bei Zimmertemperatur flüssig, im Gegensatz zur gesättigten Stearinsäure, die ebenfalls 18 Kohlenstoffatome enthält und deren Schmelzpunkt bei 70° C liegt. Die Doppelbindung in ungesättigten Carbonsäuren kann leicht durch Addition von Brom nachgewiesen werden. Schüttelt man z. B. Ölsäure mit Bromwasser, so wird das (braune) Bromwasser entfärbt.

$$CH_3{-}(CH_2)_7{-}CH{=}CH{-}(CH_2)_7{-}COOH + Br_2 \longrightarrow$$
$$\longrightarrow CH_3(CH_2)_7{-}CHBr{-}CHBr{-}(CH_2)_7{-}COOH$$

Einige gesättigte und ungesättigte Carbonsäuren, die sich von kettenförmigen Kohlenwasserstoffen ableiten, sind Bestandteile von Fetten. Man bezeichnet deshalb alle Monocarbonsäuren mit kettenförmigen Kohlenwasserstoffresten als **Fettsäuren**.
Manche dieser Fettsäuren sind für den menschlichen Organismus unentbehrlich, können aber im Körper nicht aufgebaut werden. Sie müssen deshalb mit der Nahrung aufgenommen werden. Solche Fettsäuren nennt man **essentielle Fettsäuren**.
Carbonsäuren mit mehreren Carboxylgruppen im Molekül nennt man entsprechend Di-, Tri-, oder Polycarbonsäuren. Bekannte Vertreter der Dicarbonsäuren sind u. a. die Oxalsäure $HOOC{-}COOH$, die Malonsäure $HOOC{-}CH_2{-}COOH$ und die Adipinsäure $HOOC{-}(CH_2)_4{-}COOH$.

# 9.3.1. Beispiele für wichtige Carbonsäuren

9.3.1. **Beispiele für wichtige Carbonsäuren**

Die **Methansäure** HCOOH, bekannter unter ihrem Trivialnamen **Ameisensäure** ist das erste Glied der homologen Reihe der Monoalkansäuren. Sie ist wesentlicher Bestandteil des „Ameisengiftes“, findet sich aber auch im Bienengift, in der Behaarung mancher Raupen und in den Brennhaaren der Brennesseln. Ameisensäure ist eine mittelstarke Säure. Mit unedlen Metallen reagiert sie, wobei unter Wasserstoffentwicklung Salze entstehen. Die Salze der Ameisensäure heißen Methanate, sind aber unter ihrem Trivialnamen Formiate (lat. formica = Ameise) weitaus bekannter.

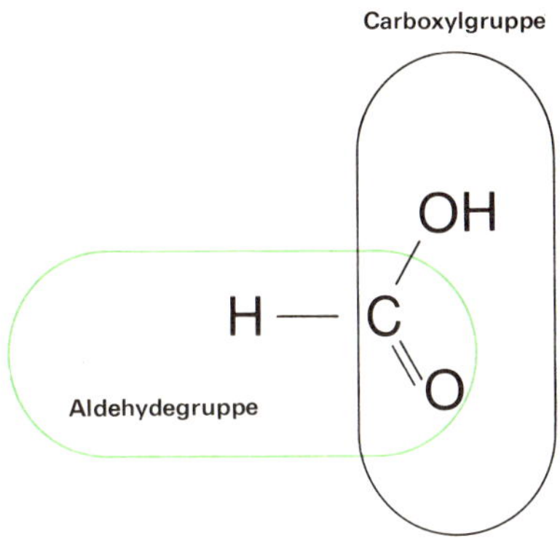


*Abb. 13*
*Ameisensäure, Säure und Aldehyd zugleich*

$$\underset{\text{Ameisensäure}}{2\,HCOOH} + Ca \longrightarrow \underset{\text{Calciumformiat}}{(HCOO)_2Ca} + H_2\uparrow$$

Ameisensäure nimmt in der homologen Reihe der Monoalkansäuren eine Sonderstellung ein. Sie enthält sowohl die Carboxylgruppe als auch die Aldehydgruppe. Wegen dieser Aldehydeigenschaften wirkt Ameisensäure reduzierend.

Ameisensäure reagiert bei der Silberspiegelprobe wie ein Aldehyd. Dabei wird Ameisensäure zur Kohlensäure oxidiert, die aber sofort in $CO_2$ und Wasser zerfällt.

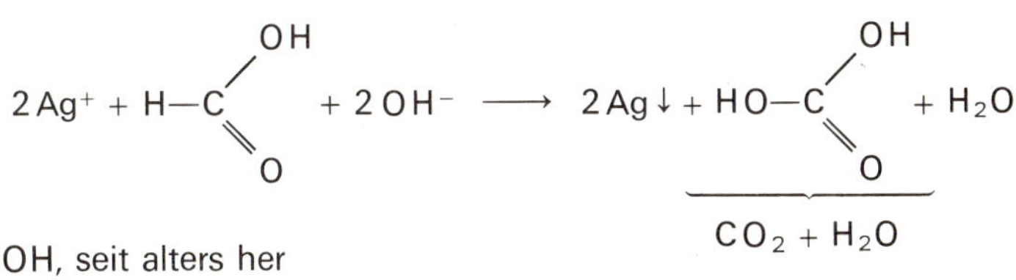


Die **Ethansäure** $CH_3COOH$, seit alters her als **Essigsäure** bekannt, ist wohl die wichtigste organische Säure. Essigsäure spaltet in Wasser in Acetationen und

# 9. Oxidationsprodukte von Alkoholen

Protonen auf. Diese Aufspaltung ist jedoch nicht sehr stark. Essigsäure ist daher eine schwache Säure.

$$\underset{\text{Essigsäure}}{CH_3COOH} \xrightarrow{H_2O} \underset{\text{hydratisiertes Acetation}}{[CH_3COO^-]_{aq}} + \underset{\text{hydratisiertes Proton}}{[H^+]_{aq}}$$

Die Salze der Essigsäure (*Ethansäure*) heißen Ethanate. Auch hier ist ihr historischer gewachsener Trivialname Acetate wesentlich gebräuchlicher.

$$\underset{\text{Essigsäure}}{CH_3COOH} + \underset{\text{Natronlauge}}{NaOH} \longrightarrow \underset{\text{Natriumacetat}}{CH_3COONa} + H_2O$$

Reine Essigsäure liegt bei Zimmertemperatur als farblose, stechend riechende und stark ätzende Flüssigkeit vor. Bei +17° C erstarrt 100%ige Essigsäure zu eisähnlichen Kristallen. Wasserfreie Essigsäure wird deshalb auch „**Eisessig**" genannt. „**Speiseessig**" ist stark mit Wasser verdünnte Essigsäure (ca. 5–10%). „**Essigessenz**" ist hochprozentige Essigsäure (ca. 80%). Durch richtige Verdünnung mit Wasser kann daraus Speiseessig hergestellt werden. Neben der Verwendung zu Würzzwecken wird Essig in großen Mengen in der chemischen und in der pharmazeutischen Industrie verbraucht (Acetatseide, Arzneimittel).
Läßt man ethanolhaltige Flüssigkeiten wie z. B. Wein oder Bier längere Zeit an der Luft stehen, so werden diese „sauer". Der Alkohol wird dabei durch den Luftsauerstoff zu Essigsäure oxidiert. Als Zwischenprodukt tritt Acetaldehyd (*Ethanal*) auf. Aus Wein wird so „**Weinessig**".

$$\underset{\substack{\text{Alkohol} \\ \text{(Ethanol)}}}{CH_3CH_2OH} + \tfrac{1}{2}\,O_2 \longrightarrow \underset{\substack{\text{Acetaldehyd} \\ \text{(Ethanal)}}}{CH_3CHO} + H_2O$$

$$\underset{\substack{\text{Acetaldehyd} \\ \text{(Ethanal)}}}{CH_3CHO} + \tfrac{1}{2}\,O_2 \longrightarrow \underset{\substack{\text{Essigsäure} \\ \text{(Ethansäure)}}}{CH_3COOH}$$

Es handelt sich hier um einen biochemischen Prozess, der durch Enzyme (Biokatalysatoren) beschleunigt wird. Diese Enzyme stammen von **Essigbakterien** (*Bacterium aceti*), die an der Luft praktisch überall vorhanden sind. Um Bier oder Wein vor dem Sauerwerden zu schützen, muß man sie in luftdicht verschlossenen Flaschen oder Fässern aufbewahren.
Den Oxidationsprozess mit Hilfe der Essigbakterien nutzt man großtechnisch im „Schnellessigverfahren" aus. Dabei sprüht man Lösungen mit 5–10% Alkoholgehalt über Buchenspäne, die mit Essigbakterien geimpft sind. Gleichzeitig bläst man von unten erwärmte Luft (ca. 30° C) entgegen. Der Alkohol wird durch den Luftsauerstoff mit Hilfe der von den Essigbakterien erzeugten Enzyme zu Essigsäure oxidiert.
**Propensäure** $CH_2{=}CH-COOH$. Ihr Trivialname ist Acrylsäure. Sie ist ein wichtiger Vertreter der ungesättigten Carbonsäuren. Wegen ihrer Doppelbindung zwischen zwei Kohlenstoffatomen neigt

sie stark zur Polymerisation. Dabei entstehen glasartige Kunststoffe.

**Ethandisäure** HOOC – COOH. Ihr Trivialname ist Oxalsäure. Sie ist stärker als die Ameisensäure und zählt damit zu den stärksten organischen Säuren. Weil sie eine zweiprotonige Säure ist, leiten sich von ihr zwei Reihen von Salzen ab, die Hydrogenoxalate und die Oxalate. Oxalsäure und ihre Salze sind giftig.

KOOC – COOH
Kaliumhydrogenoxalat

KOOC – COOK
Kaliumoxalat

Das Kaliumhydrogenoxalat kommt in Spinatblättern und im Sauerklee vor. Rhabarberblätter enthalten Calciumoxalat.

**Benzolcarbonsäure**

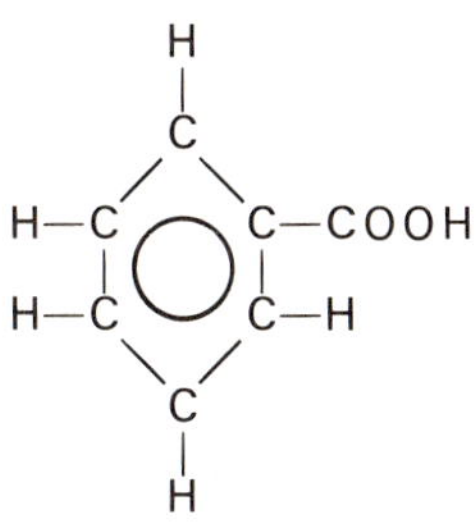


Ihr Trivialname ist Benzoesäure.
Sie ist die einfachste „aromatische" Monocarbonsäure (siehe auch Abschnitt 15). In ihrer Säurestärke liegt sie zwischen Essigsäure und Ameisensäure. Benzoesäure wirkt auf Mikroorganismen stark giftig. In geringen Mengen ist sie für den Menschen unschädlich, deshalb wird sie als Konservierungsstoff für Lebensmittel verwendet.

***Aufgaben:***

*158.* Wie können aus Aldehyden Carbonsäuren entstehen? Formulieren Sie eine Reaktionsgleichung mit Ethanal.

*159.* Was ist die funktionelle Gruppe der Carbonsäuren?

*160.* Was ist der Grund für den Säurecharakter der Carbonsäuren.

*161.* Was sind Monoalkansäuren? Wie lautet ihre allgemeine Summenformel?

*162.* Wie lauten die genauen exakten Namen der Ameisensäure, der Essigsäure und der Buttersäure?

*163.* Wie lauten die Trivialnamen der Hexadecansäure und der Octadecansäure?

*164.* Warum sind nur die kurzkettigen Monocarbonsäuren wasserlöslich?

*165.* Geben Sie die Trivialnamen und die exakten Bezeichnungen für die Natriumsalze der ersten vier Glieder der homologen Reihe der Monoalkansäuren an.

*166.* Was ist der Unterschied zwischen gesättigten und ungesättigten Carbonsäuren?

*167.* Geben Sie die Strichformeln für zwei ungesättigte Monocarbonsäuren an.

*168.* Wie kann die Doppelbindung in einer ungesättigten Carbonsäure nachgewiesen werden?

*169.* Welcher Unterschied zeigt sich in den Schmelzpunkten der gesättigten und der ungesättigten Carbonsäuren mit gleicher Anzahl von Kohlenstoffatomen?

*170.* Was sind Fettsäuren? Wie erklärt sich der Name?

# Aufgaben

*171*. Was sind essentielle Fettsäuren?
*172*. Wie lautet die chemische Formel für Magnesiumformiat? Geben Sie den exakten Namen an.
*173*. Worin unterscheidet sich die Ameisensäure wesentlich von den anderen Monoalkansäuren?
*174*. Was geschieht, wenn mit Methansäure die Silberspiegelprobe durchgeführt wird? Reaktionsgleichung!
*175*. Was geschieht, wenn reine Essigsäure in Wasser gegeben wird?
*176*. Was ist Eisessig?
*177*. Was ist Speiseessig? Was ist Essigessenz?
*178*. Was geschieht, wenn Wein sauer wird?
*179*. Was versteht man unter „Schnellessigverfahren"?
*180*. Was versteht man unter Dicarbonsäuren? Geben Sie ein Formelbeispiel!
*181*. Wie heißen die Salze der Oxalsäure?
*182*. Was ist Benzoesäure?
*183*. Warum kann man Benzoesäure als Konservierungsstoff für Lebensmittel verwenden?

# 10. Ester

Läßt man Alkohole mit Säuren reagieren, so bilden sich in einer Gleichgewichtsreaktion Ester.

$$\text{Alkohol} + \text{Säure} \underset{\text{Verseifung}}{\overset{\text{Veresterung}}{\rightleftharpoons}} \text{Ester} + \text{Wasser}$$

Die Hinreaktion (Veresterung) steht in Konkurrenz zur Rückreaktion (Verseifung). Bilden sich aus Alkohol und Säure so viele Estermoleküle, wie gleichzeitig durch Verseifung wieder in Alkohol und Säure aufgespalten werden, dann ist ein Gleichgewichtszustand erreicht. Die Reaktion scheint zum Stillstand gekommen zu sein. In Wirklichkeit handelt es sich aber um ein **dynamisches Gleichgewicht**, weil sich ständig neue Estermoleküle bilden, gleichzeitig aber gleichviele andere Estermoleküle wieder in ihre Ausgangsstoffe aufgespalten werden.
Um bei einer Veresterung eine möglichst hohe Esterausbeute zu erreichen, muß man dafür sorgen, daß die Rückreaktion nicht oder nur in geringem Maße stattfinden kann. Dies kann z. B. dadurch erreicht werden, daß man den entstehenden Ester durch Abdestillieren sofort aus dem Reaktionssystem entfernt. Auf diese Weise gelingt eine **Gleichgewichtsverschiebung** zugunsten der Esterbildung. Die Verschiebung des Gleichgewichtes kann auch durch andere äußere Einflüsse gesteuert werden. Entzieht man dem System z. B. das bei der Veresterung entstehende Wasser, so kann keine Rückreaktion mehr stattfinden. Als wasserentziehendes Mittel verwendet man häufig konzentrierte Schwefelsäure.

Weitere Möglichkeiten, das Gleichgewicht einer reversiblen (umkehrbaren) Reaktion zu verschieben, liegen in der Veränderung der Reaktionstemperatur oder des Druckes oder der Konzentration der Ausgangsstoffe.
Bei der Namensgebung von Estern wird die Bezeichnung des Alkylrestes aus dem Alkohol vor den Namen des Säurerestes der Säure gestellt. Aus Ethanol und Ethansäure entsteht also Ethylethanat.

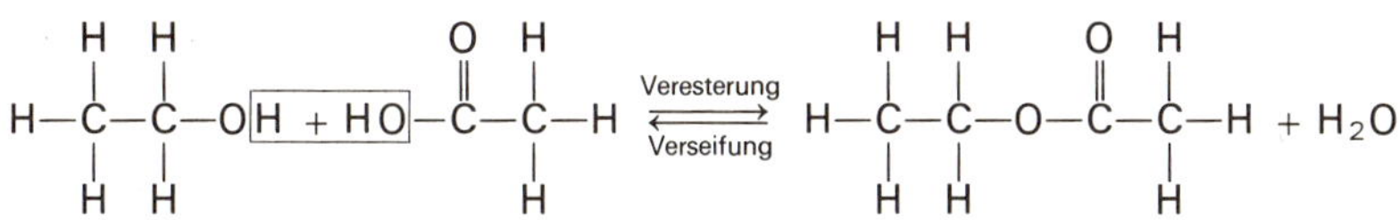


Ethanol + Ethansäure ⇌ Ethylethanat + Wasser

Bildung von Essigsäureethylester (Ethylethanat)

Auch bei der Esterbenennung sind häufig Trivialnamen im Gebrauch. Man fügt dabei an den Namen der Säure die Benennung des Alkylrestes aus dem Alkohol und hängt die Bezeichnung Ester an. Ethylethanat z. B. wird meistens mit dem Trivialnamen Essigsäureethylester bezeichnet. Die Esterbildung gehört zum Typ der Kondensationsreaktionen.
Unter **Kondensation** versteht man die Vereinigung zweier oder mehrerer Moleküle, wobei ein aus wenigen Atomen be-

# 10. Ester

stehendes (man sagt auch ein niedermolekulares) Molekül abgespalten wird. Bei der Esterbildung aus Alkohol und Säure ist dieses niedermolekulare Nebenprodukt Wasser. Bei anderen Kondensationsreaktionen können aber auch andere niedermolekulare Teilchen wie z. B. Ammoniak ($NH_3$) oder Chlorwasserstoff ($HCl$) austreten.
Bei der Veresterung von primären und secundären Alkoholen mit Carbonsäuren oder anderen sauerstoffhaltigen Säuren stammt der Sauerstoff des entstehenden Wassers stets aus der OH-Gruppe der Säure.
Die Verseifung ist ihrem Reaktionstyp nach eine **Hydrolyse**. Man versteht darunter die Aufspaltung einer Atombindung durch die Reaktion mit Wasser. Bei der Hydrolyse (*Verseifung*) eines Esters wird eine Atombindung zwischen Sauerstoff und Kohlenstoff aufgespalten.
Mehrwertige Alkohole können an allen OH-Gruppen verestert werden. Z. B. entsteht bei der Veresterung des Glycerin mit Salpetersäure **Trisalpetersäureglycerinester** (exakt Propan-(1,2,3)-trioltrinitrat). Diese Verbindung ist allgemein unter dem Namen „**Nitroglycerin**" bekannt. Dieser Name ist irreführend, denn es handelt sich hier um einen Ester und nicht um eine Nitroverbindung.

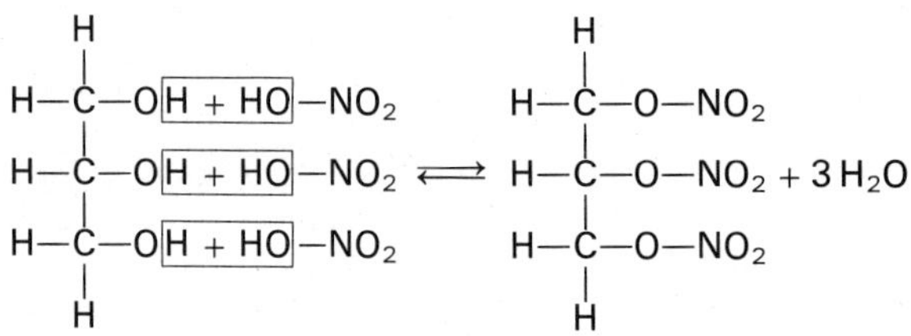

Glycerin und Salpetersäure — Trisalpetersäureglycerinester + Wasser

Bildung von Nitroglycerin

„Nitroglycerin" ist ein brisanter Sprengstoff. Es enthält im Molekül reduzierende, gleichzeitig neben oxidierenden Teilen. Bei einer innermolekularen Redoxreaktion entstehen unter sehr starker Wärmeentwicklung lauter gasförmige Reaktionsprodukte (z. B. $CO_2$, $H_2O$, $N_2$), die ein großes Volumen einnehmen. Diese plötzliche Ausdehnung bewirkt die Sprengwirkung des „Nitroglycerins".
Ester haben sowohl in der Natur als auch in der Technik eine weitverbreitete Bedeutung.

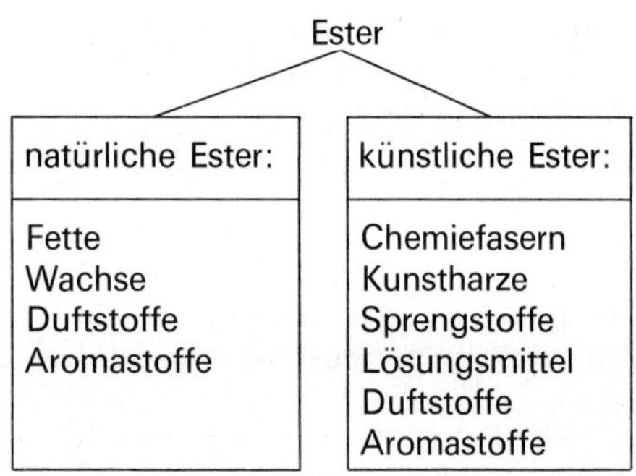

# 10.1. Fette

## 10.1. Fette

Fette kommen in tierischen und pflanzlichen Organismen sehr häufig vor. Wegen des hohen Energiegehaltes von 38 kJ/g sind sie wichtige Energiespeicher im lebenden Organismus. Der Energiegehalt anderer Nährstoffe ist nur knapp halb so groß (Eiweiß bzw. Kohlehydrate je 17,2 kJ/g).
Fette sind Ester aus langkettigen Fettsäuren und Glycerin. Man nennt sie auch Glyceride. Die natürlich vorkommenden Fette bestehen aus Trifettsäureglycerinestern, in denen vor allem Fettsäuren mit 16 oder 18 Kohlenstoffatomen vorherrschen. Meistens sind die einzelnen OH-Gruppen des Glycerins mit verschiedenen Fettsäuren verestert. Trifettsäureglycerinester mit nur einer Sorte von Fettsäuren sind in der Natur weniger häufig. Fettmoleküle sind stimmgabelförmig aufgebaut.

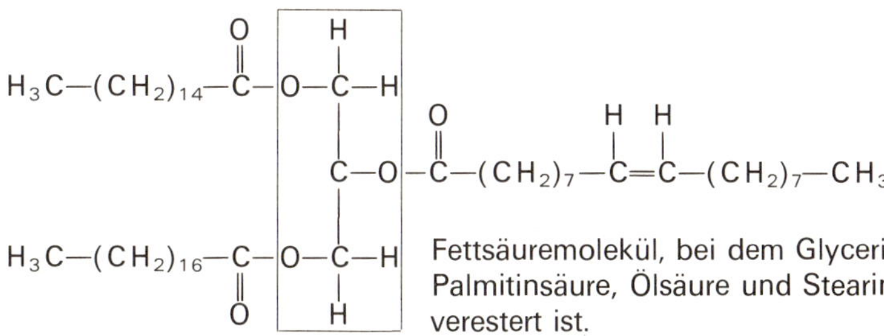

Fettsäuremolekül, bei dem Glycerin mit Palmitinsäure, Ölsäure und Stearinsäure verestert ist.

Natürliche Fette haben keinen genau festlegbaren Schmelzpunkt, weil sie immer aus einem Gemisch verschiedener Ester bestehen. Fette erweichen beim Erwärmen immer mehr, bis sie schließlich in einem bestimmten Temperaturbereich („Schmelzbereich") flüssig werden. Der Schmelzbereich der Fette liegt umso niedriger, je höher der Gehalt an ungesättigten Fettsäuren ist. Fette, die bei Zimmertemperatur flüssig sind, enthalten zu einem hohen Prozentsatz Glycerinester der einfach ungesättigten Ölsäure bzw. der mehrfach ungesättigten Linol- und Linolensäure. Solche flüssigen Glycerinester werden auch „**fette Öle**" genannt, im Gegensatz zu den **Mineralölen**, die aus einem Gemisch aus verschiedenen Kohlenwasserstoffen bestehen.
Fette sind wegen ihrer langen hydrophoben (wasserfeindlichen) Kohlenwasserstoffketten in Wasser unlöslich. Man sagt, Wasser ist lipophob (fettfeindlich). In unpolaren Flüssigkeiten wie z. B. in Benzin, Tetrachlormethan, Benzol, werden Fette gut aufgelöst. Man sagt, unpolare Lösungsmittel sind lipophil (fettfreundlich). Hocherhitzte Fette verbrennen mit stark rußender Flamme. Fettbrände können nicht mit Wasser gelöscht werden, weil Fette leichter sind als Wasser. Das brennende Fett schwimmt deshalb auf dem Wasser.
Wie andere Ester, so können auch Fette

# 10. Ester

mit Wasser hydrolytisch gespalten werden (Verseifung). Manche der dabei freiwerdenden Fettsäuren haben einen unangenehmen Geruch. Man sagt, das Fett ist „ranzig“ geworden. Das Ranzigwerden von Speisefetten wird durch Lagerung an feuchtwarmer Luft gefördert. Manche Mikroorganismen beschleunigen diesen Hydrolysevorgang.
Manche in großen Mengen vorhandenen flüssigen Fette wie z. B. Waltran, Erdnußöl, Leinöl, Kokosöl sind für die menschliche Ernährung wegen ihres unangenehmen Geruchs und Geschmacks weniger begehrt. Flüssige Fette haben einen hohen Anteil an ungesättigten Fettsäuren. Durch Addition von Wasserstoff bei hohem Druck an die Doppelbindungen zwischen zwei Kohlenstoffatomen unter Mithilfe von Katalysatoren (z. B. Nickel) können diese Fettsäuren gesättigt werden (*katalytische Hydrierung*). Aus den flüssigen Fetten werden so feste Fette. Gleichzeitig verschwinden bei dieser **katalytischen Hydrierung** die unangenehmen Geruchs- und Geschmackseigenschaften.
Die Fetthärtung spielt eine wichtige Rolle bei der **Margarineherstellung**. Durch geeignete Reaktionsbedingungen erreicht man, daß nur ein Teil der Doppelbindungen abgesättigt wird (*selektive Härtung*).
In gutem Speisefett sollen ungesättigte Fettsäuren enthalten sein, weil diese lebensnotwendig (essentiell) sind. Bei der Margarineherstellung werden solche teilgehärteten Fette mit Magermilch oder Wasser emulgiert, dadurch entsteht ein gut streichbares Speisefett (80% Fettgehalt). Guter Margarine werden fettlösliche Vitamine zugesetzt (vor allem Vitamin A, D und E). Das Fehlen von Vitaminen in der Nahrung führt zu Mangelkrankheiten (*Avitaminosen*). Ähnliche Erscheinungen wie bei Vitaminmangel treten auf, wenn die Nahrung nicht genügend essentielle Fettsäuren enthält. Man gebraucht deshalb für Fettanteile, die aus ungesättigten Fettsäuren aufgebaut sind, häufig auch die Sammelbezeichnung Vitamin F.
Der Gehalt eines Speisefettes an ungesättigten Anteilen wird in der Praxis mit der „Jodzahl“ angegeben. Sie gibt an, wieviel Gramm elementares Jod von 100 g Fett addiert werden. Je höher die Jodzahl ist, desto größer ist der ungesättigte Charakter eines Fettes.
Durch Zusatz natürlicher Farbstoffe (Eidotter und Carotine) erhält die Margarine ein butterähnliches Aussehen. Laut Gesetz muß Margarine Kartoffelstärke beigemengt werden (0,2%), um sie mit Hilfe der Jod-Stärke-Reaktion (siehe Seite 82) sicher von echter Butter unterscheiden zu können.

**Margarine:**
**eine emulgierte Fettkomposition aus teilgehärteten Fetten, Magermilch oder Wasser, Vitaminen A, D, E und F und Farbstoffen.**

***Aufgaben:***

*184.* Was geschieht, wenn man auf einen Alkohol eine Säure einwirken läßt?
*185.* Was ist ein dynamisches Gleichgewicht?
*186.* Was entsteht bei der Reaktion von Ethanol mit Ethansäure?
*187.* Wie kann die Ausbeute von Essigsäureethylester bei der Reaktion von Essigsäure mit Ethylalkohol erhöht werden?
*188.* Was versteht man unter einer Kondensation?
*189.* Was versteht man unter Verseifung?
*190.* Was entsteht bei der Reaktion von Glycerin mit Salpetersäure? Reaktionsgleichung!
*191.* Wie lautet der exakte Name für Nitroglycerin?
*192.* Warum ist Nitroglycerin ein Sprengstoff?
*193.* Was sind Fette?
*194.* Welche Bedeutung haben Fette in der Natur?
*195.* Geben Sie die Strukturformel für ein typisches Fettmolekül an.
*196.* Warum haben natürliche Fette keinen genauen Schmelzpunkt?
*197.* Wovon ist der Schmelzbereich bei Fetten abhängig?
*198.* Was ist der Unterschied zwischen Mineralölen und fetten Ölen?
*199.* Warum lösen sich Fette nicht in Wasser?
*200.* Welche Eigenschaften muß ein gutes Lösungsmittel für Fette haben?
*201.* Warum können Fettbrände nicht mit Wasser gelöscht werden?
*202.* Was geschieht beim „Ranzigwerden" von Fett?
*203.* Was versteht man unter Fetthärtung? Was ist selektive Härtung?
*204.* Erläutern Sie den Begriff Avitaminose.
*205.* Wie ist gute Margarine zusammengesetzt?
*206.* Was versteht man unter dem Begriff Jodzahl?
*207.* Was sind essentielle Fettsäuren?
*208.* Wie kann man Margarine von echter Butter unterscheiden?

# 11. Waschmittel

# 11.1. Seifen

## 11.1. Seifen

Seifen sind Salze langkettiger Fettsäuren. Zum Waschen verwendet man die Natrium- und Kaliumsalze.
Schon im Altertum wußte man, daß man aus Fett, Holzasche (*Pottasche*) und Wasser eine reinigende Substanz kochen kann. Auch in unserer Zeit werden Seifen nach diesem Grundrezept der „**Seifensieder**" hergestellt. Beim großtechnischen Prozeß verwendet man heute an Stelle der alkalihaltigen Pottasche Natronlauge oder Kalilauge.
Bei der Seifengewinnung werden die Triglycerinester langkettiger Fettsäuren (Fette) in einem Hydrolysevorgang in Fettsäuren und Glycerin aufgespalten. Durch Verwendung von Laugen wird die Fettspaltung beschleunigt und es entstehen neben Glycerin direkt die Salze der Fettsäuren.

$$\begin{array}{lcll}
H_2C - COOC_{15}H_{33} + Na^+OH^- & & H_2C - OH + C_{15}H_{33}COO^-Na^+ & \boxed{\text{Na-Palmiat}} \\
\;\;| & & \;\;| & \\
\;HC - COOC_{17}H_{33} + Na^+OH^- & \longrightarrow & \;HC - OH + C_{17}H_{33}COO^-Na^+ & \boxed{\text{Na-Oleat}} \\
\;\;| & & \;\;| & \\
H_2C - COOC_{17}H_{35} + Na^+OH^- & & H_2C - OH + C_{17}H_{35}COO^-Na^+ & \boxed{\text{Na-Stearat}} \\
 & & \text{Glycerin} &
\end{array}$$

**Fett + Lauge ⟶ Glycerin + Seife**

Bei der Verwendung von Natronlauge entstehen vorwiegend feste Seifen (**Kernseifen**). Verwendet man Kalilauge, so erhält man weiche Seifen (**Schmierseifen**).

### 11.1.1. Waschwirkung der Seifen

Reines Wasser ist zum Waschen nur bedingt geeignet, denn es kann nur wasserlöslichen Schmutz entfernen. Sehr häufig sind Verunreinigungen jedoch fetthaltig und können deshalb von gewöhnlichem Wasser nicht abgelöst werden. Diese unzureichende Waschwirkung des Wassers wird zudem noch durch die Oberflächenspannung des Wassers erhöht, die es dem Wasser erschwert, in Textilgewebe einzudringen und sich zwischen Schmutz und Unterfläche zu schieben. Die Oberflächenspannung ist beim Wasser im Vergleich zu vielen anderen Flüssigkeiten besonders groß. Wassermoleküle ziehen sich gegenseitig wegen ihres ausgeprägten Dipolcharakters stark an. Die Anziehungskräfte auf die Moleküle an der Oberfläche der Flüssigkeit wirken nur nach innen. Wasser scheint deswegen wie von einer unsichtbaren Haut umgeben zu sein. Kleine Gegenstände wie z. B. Büroklammern, Reißnägel oder Nähnadeln schwimmen, wenn man sie vorsichtig auf eine Wasseroberfläche legt, obwohl sie schwerer als Wasser sind. Sie werden durch die Oberflächenspannung wie von einer Haut getragen.

# 11.1. Seifen
## 11.1.1. Waschwirkung der Seifen

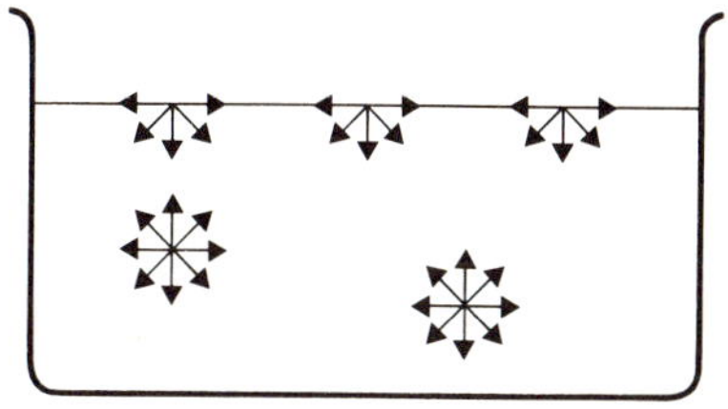

*Abb. 14*
*Entstehung der Oberflächenspannung des Wassers*

Die Waschwirkung der Seifen ist auf den besonderen Bau des Seifenanions zurückzuführen. Es ist cin langgestrecktes Teilchen mit zwei völlig unterschiedlich gearteten Enden. Auf einer Seite weist es einen langen unpolaren Kohlenwasserstoffrest und auf der anderen Seite die stark polare, negativ geladene $-COO^-$-Gruppe auf.
Das unpolare Ende ist fettfreundlich (*lipophil*) aber wasserfeindlich (*hydrophob*). Beim polaren Ende liegen die Verhältnisse genau umgekehrt. Es ist wasserfreundlich (*hydrophil*) und fettfeindlich (*lipophob*).

Löst man Seife in Wasser, so sammelt sich ein Teil der Seifenanionen an der Wasseroberfläche an. Das wasserfreundliche Ende wird von Wassermolekülen umlagert (hydratisiert) und dadurch in das Wasser hineingezogen. Der wasserfeindliche Teil jedoch wird aus dem Wasser herausgedrängt.

*Abb. 16*
*Seifenteilchen orientieren sich an der Wasseroberfläche*

Die Oberfläche einer Seifenlösung besteht also hauptsächlich aus einer Schicht von Kohlenwasserstoffresten, die aus der Flüssigkeit herausragen. Unpolare Kohlenwasserstoffketten ziehen sich gegenseitig wesentlich schwächer an als die Wasserdipole. Die Oberflächenspannung der

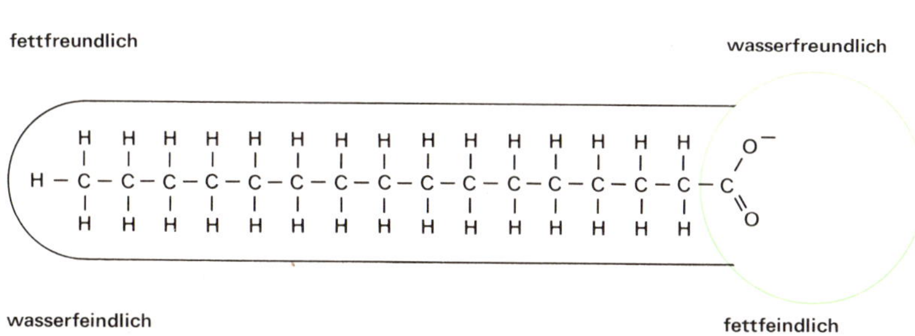


*Abb. 15 Bau des Seifenanions*

# 11. Waschmittel

## 11.1. Seifen

Seifenlösung ist deshalb erheblich geringer als die von reinem Wasser. Das Wasser kann jetzt viel leichter in das Waschgut eindringen und sich zwischen Schmutzauflage und das zu reinigende Material schieben. Seifenanionen, die sich im Innern des Wassers befinden, scharen sich zu Gruppen zusammen und bilden sogenannte **Micellen**. Das sind Ansammlungen mehrerer Seifenanionen, wobei die hydrophilen Enden den Wasserdipolen zugekehrt sind, die hydrophoben Enden sind in das Innere der Seifenmicelle gerichtet.

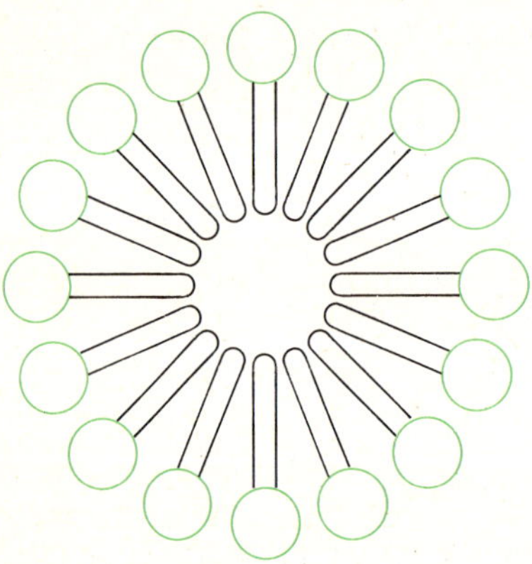

*Abb. 17 Seifenmicelle*

Im Licht erscheint wässrige Seifenlösung trüb, weil das Licht an den Micellen gestreut wird.
Fettiger Schmutz ist stark hydrophob, er kann deshalb mit Wasser nicht benetzt werden. Gibt man jedoch Seife zum Wasser, so dringen die lipophilen Enden der Seifenanionen in die Fettschicht ein, die hydrophilen Enden jedoch ragen aus der Schmutzschicht heraus. Die Oberfläche der Schmutzschicht wird dadurch gleichsam mit einer hydrophilen Schicht überzogen. Dadurch wird sozusagen ein Kontakt zwischen Wasser und Fett hergestellt, jetzt ist eine Benetzung möglich.

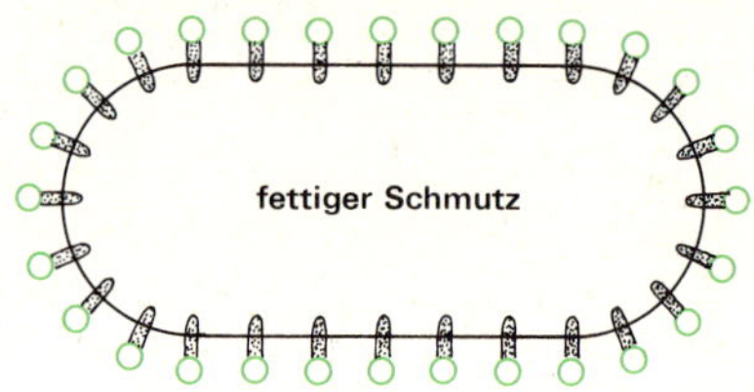


*Abb. 18*
*Seife überzieht Fett mit einer hydrophilen Schicht*

Beim Waschvorgang werden die Schmutzschichten durch Reiben, Bürsten oder Schlagen zu kleinen Schmutzpartikelchen zerteilt. In Seifenlösung überziehen sich diese sofort – wie oben beschrieben – mit einer hydrophilen Schicht. Diese Schicht ist negativ geladen, denn die wirksamen Seifenteilchen bestehen aus Anionen. Wegen dieser elektrischen Ladung können die kleinzerteilten fettartigen Teilchen nicht mehr miteinander verklumpen. Gleiche elektrische Ladungen stoßen sich ab, es bildet sich eine Emulsion von Fett in Wasser.

# 11.1.2. Nachteile der Seife

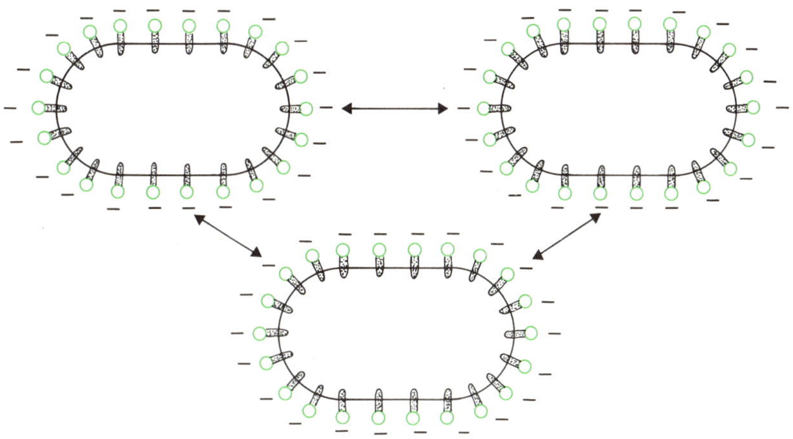

*Abb. 19*
*Von Seifenanionen umhüllte Fetttröpfchen stoßen sich gegenseitig ab, Fett wird dadurch im Wasser emulgiert.*

**Waschwirkung der Seife:**
1. **Herabsetzung der Oberflächenspannung des Wassers**
2. **Benetzungswirkung auf fettartigen Schmutz.**
3. **Emulgiervermögen für Fette**

11.1.2. **Nachteile der Seife**
In Wasser gelöste Seife zeigt alkalische Reaktion. Dies ist darauf zurückzuführen, daß im Wasser ein Protonenübergang von Wassermolekülen auf Seifenanionen stattfindet. Dabei entstehen in einer Gleichgewichtsreaktion wasserunlösliche Fettsäuren und Hydroxidionen.

$$HOH + C_{15}H_{31}COO^-_{aq} + Na^+_{aq} \rightleftharpoons C_{15}H_{31}COOH\downarrow + Na^+_{aq} + OH^-_{aq}$$

Wegen der entstandenen Hydroxidionen wirkt Seifenlösung wie eine Lauge. Sie reizt empfindliche Haut („Brennen" der Augen) und greift Textilien aus Wolle an (Wolle „verfilzt").
Säuert man Seifenlösung an, so bilden sich dicke Flocken von wasserunlöslichen Fettsäuren.

$$C_{15}H_{31}COO^-_{aq} + Na^+_{aq} + H^+_{aq} + Cl^-_{aq} \longrightarrow C_{15}H_{31}COOH\downarrow + Na^+_{aq} + Cl^-_{aq}$$

Seife verliert daher in saurer Lösung ihre Waschwirkung.
Ebenso beeinträchtigt wird die Waschwirkung der Seife in hartem Wasser. Hartes Wasser enthält wegen der darin gelösten Salze u.a. Calcium- und Magnesiumionen. Diese bilden mit den Seifenanionen unlösliche Salze. Diese „Kalkseifen" setzen sich als flockiger, schmieriger Niederschlag ab und bewirken eine Verkrustung und Vergrauung des Waschgutes.

**Nachteile der Seife:**
1. **Alkalische Reaktion in Wasser**
2. **Verlust der Waschwirkung in saurer Lösung**
3. **Bildung von Kalkseifen in hartem Wasser**

### 11.2. Synthetische Waschmittel

Wie schon erwähnt, ist die Waschwirkung der Seife seit alters her bekannt. Eine Erklärung dieser auf Erfahrung beruhenden Erkenntnis konnte bis in unser Jahrhundert herein nicht gegeben werden. Erst als man die Zusammenhänge zwischen dem Aufbau der Seifenteilchen und ihrer Waschwirkung herausgefunden hatte, war man in der Lage, andere **waschaktive Substanzen** (*WAS*), man nennt sie auch *Tenside*, künstlich herzustellen. Man entwickelte synthetische waschaktive Stoffe mit allen Vorteilen der Seife, ohne ihre bekannten Nachteile. Der Grund für die nachteiligen Eigenschaften der Seife liegt vor allem im chemischen Verhalten der Carboxylgruppe. Man verknüpfte deshalb lange Kohlewasserstoffketten mit anderen hydrophilen Gruppen und erhielt auf diese Weise andere waschaktive Substanzen ohne die schädlichen Eigenschaften der Seife.
Moderne synthetische Waschmittel enthalten Alkalisalze saurer Ester aus langkettigen Alkoholen (man nennt sie auch *Fettalkohole*) und Schwefelsäure:

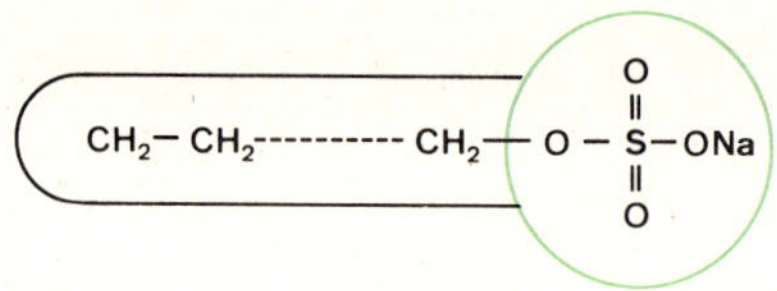


*Abb. 20 Fettalkoholsulfat*

Große Bedeutung als WAS haben auch Salze alkylierter Schwefelsäuren (*Sulfonsäuren*):

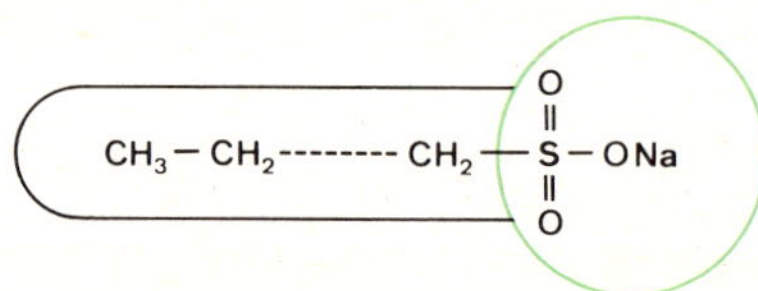


*Abb. 21 Alkylsulfonat*

Eine der wichtigsten synthetischen waschaktiven Substanzen ist das n-Dodecyl-benzol-Sulfonat, ein Salz einer Sulfonsäure, die einen aromatischen Ring enthält:

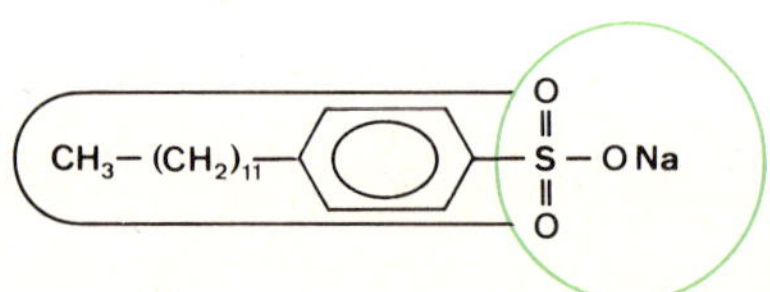


*Abb. 22 Alkylbenzolsulfonat*

# 11.2. Synthetische Waschmittel

Synthetische, oberflächenaktive, aber seifenfreie Substanzen faßt man unter dem Sammelbegriff Detergentien zusammen. Waschmittel gelangen mit den Abwässern in riesigen Mengen in die Umwelt. Im Gegensatz zur Seife waren manche der früher hergestellten synthetischen Waschmittel nicht oder nur schwer biologisch abbaubar. Es handelte sich dabei besonders um Tenside, deren hydrophober Anteil aus verzweigten Kohlenwasserstoffketten bestand. Vor allem quartäre Kohlenstoffatome sind für eine biologische Oxidation unzugänglich.

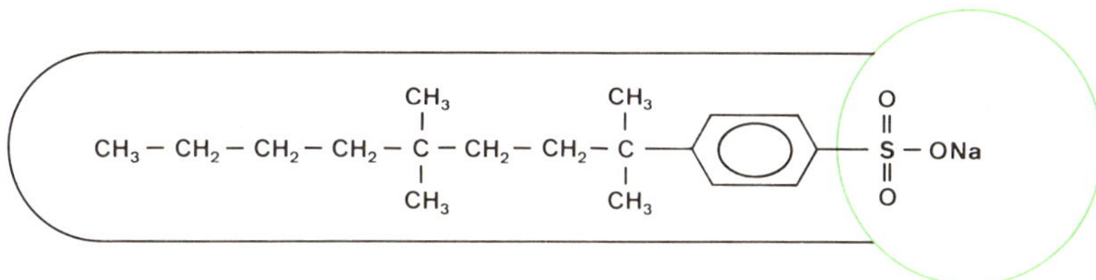

*Abb. 23*
*Biologisch schwer abbaubares Tensid mit zwei quartären Kohlenstoffatomen*

Ein Kohlenstoffatom wird dann als quartär bezeichnet, wenn es direkt mit 4 weiteren Kohlenstoffatomen verbunden ist.
Moderne Waschmittel enthalten neben waschaktiven Substanzen noch weitere Zusätze, die die Waschwirkung erhöhen oder die dem Waschgut ein besonders attraktives Aussehen verleihen.
**Natriumperborat** dient als Bleichmittel, das ab etwa 70° C Sauerstoff abspaltet. Der Sauerstoff oxidiert farbige Flecken und bleicht diese dadurch aus. **Alkalisch wirkende Salze** wie Soda oder Natriumsilikat bewirken, daß sich der pH-Wert der Waschlauge auf etwa 10 einstellt. Diese schwach alkalische Reaktion ist für Cellulosefasern (z. B. Baumwolle) besonders günstig. **Optische Aufheller** verstärken den Weißgrad der Wäsche, **Enzyme** helfen mit, Verschmutzungen durch Eiweißstoffe (Blut, Fleischsaft, Milch) zu lösen und **Duftstoffe** lassen die gewaschene Wäsche besonders frisch erscheinen.
Daneben enthält aber jedes moderne Vollwaschmittel große Mengen **Polyphosphate**, die als **Enthärter** dienen. Polyphosphate, vor allem das Pentanatriumtriphosphat $Na_5P_3O_{10}$ bilden mit Calcium-, Magnesium- und mit vielen anderen Metallionen wasserlösliche Komplexverbindungen.
Neben ihren Vorteilen beim Waschen haben die Polyphosphate einen großen Nachteil. Sie wirken nämlich als ausgezeichnete Düngemittel. Über das Abwasser gelangen diese Substanzen in Flüsse und Seen. Vor allem in langsam fließenden und stehenden Gewässern kommt es zur Überdüngung (*Eutrophierung*). Die Folge ist ein übermäßiges Wachstum von Algen und anderen

# Aufgaben

Wasserpflanzen. Absterbende Pflanzen verfaulen und verbrauchen dabei den im Wasser gelösten Sauerstoff, der für Fische und andere im Wasser lebende Tiere lebensnotwendig ist. So können ganze Seen absterben. Es soll hier aber festgehalten werden, daß der zu hohe Phosphatgehalt vieler unserer Gewässer nur zu etwa1/3 aus Waschmitteln stammt. Ein weiteres Drittel wird mit Fäkalien eingeschwemmt und das letzte Drittel ist auf Bodenerosion, hier vor allem auf die Ausschwemmung von Düngemitteln, zurückzuführen.

***Aufgaben:***

*209.* Wie ist Seife chemisch aufgebaut?
*210.* Wie wird Seife hergestellt?
*211.* Was ist der Unterschied zwischen Kernseife und Schmierseife?
*212.* Warum hat reines Wasser nur eine unzureichende Reinigungskraft?
*213.* Was versteht man unter der Oberflächenspannung einer Flüssigkeit?
*214.* Warum ist die Oberflächenspannung beim Wasser wesentlich größer als z.B. bei Benzin?
*215.* Worauf beruht die Waschwirkung der Seifen?
*216.* Warum wird durch Auflösen von Seife die Oberflächenspannung des Wassers vermindert?
*217.* Was sind Seifenmicellen?
*218.* Warum gelingt es, Nähnadeln, Büroklammern, Reißnägel oder ähnliche Metallgegenstände auf dem Wasser schwimmen zu lassen, obwohl diese wesentlich schwerer als Wasser sind?
*219.* Warum kann fettiger Schmutz mit reinem Wasser nicht benetzt werden? Warum gelingt dies aber mit Seifenlösung?
*220.* Beschreiben Sie die Emulgierwirkung der Seife.
*221.* Warum zeigt Seifenlösung alkalische Reaktion?
*222.* Was geschieht, wenn man zu einer Seifenlösung Säure gibt?
*223.* Warum wird die Waschwirkung der Seife in hartem Wasser stark beeinträchtigt?
*224.* Fassen Sie Vor- und Nachteile der Seife als Waschmittel zusammen.
*225.* Worin unterscheiden sich moderne waschaktive Substanzen von Seife?
*226.* Was sind Detergentien?
*227.* Welche Tenside sind besonders umweltbelastend?
*228.* Was ist ein quartäres Kohlenstoffatom?
*229.* Aus welchen Hauptbestandteilen ist ein modernes Vollwaschmittel aufgebaut?
*230.* Warum enthalten moderne Waschmittel große Mengen Polyphosphate?
*231.* Worin liegt die umweltbelastende Wirkung der Polyphosphate?
*232.* Woher stammt der hohe Phosphatgehalt vieler unserer Gewässer?

# 12. Aminosäuren und Eiweißstoffe

## 12.1. Aminosäuren

Aminosäuren sind substituierte Carbonsäuren. Im Kohlenwasserstoffrest einer Carbonsäure tritt an die Stelle eines oder mehrerer Wasserstoffatome jeweils eine Aminogruppe $-NH_2$.

**Beispiel:**

Aminoethansäure (*Aminoessigsäure*) ist die einfachste Aminosäure.

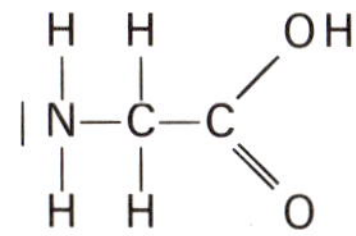

Aminoessigsäure

Griechische Buchstaben oder vorangestellte arabische Ziffern geben die Stellung der Aminogruppe innerhalb des Säuremoleküls an, wobei man von der Carboxylgruppe ausgeht. Beispiele:
$\alpha$-, $\beta$- und $\gamma$-Aminobuttersäure

$\alpha$-Aminobuttersäure

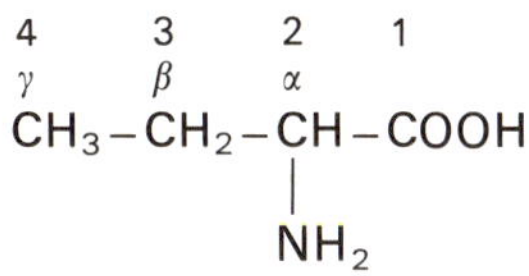

2-Aminobuttersäure

$\beta$-Aminobuttersäure

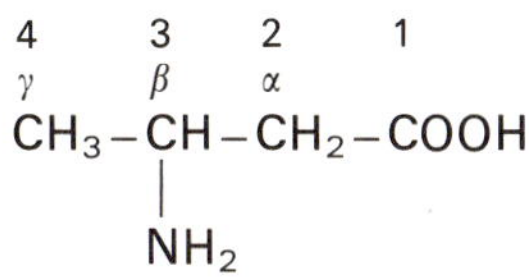

3-Aminobuttersäure

$\gamma$-Aminobuttersäure

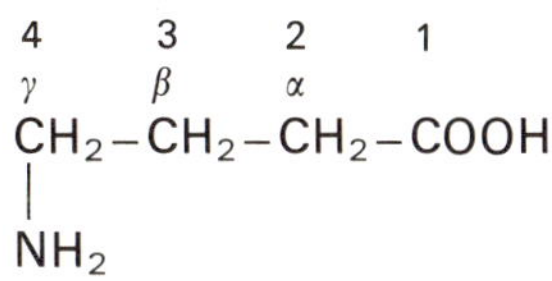

4-Aminobuttersäure

Nomenklatur der Aminosäuren

Die charakteristischen chemischen Eigenschaften der Aminosäuren ergeben sich daraus, daß sie zwei verschiedenartige funktionelle Gruppen enthalten:

1) Die Carboxylgruppe $-COOH$ ist ein Protonenspender (Säure)

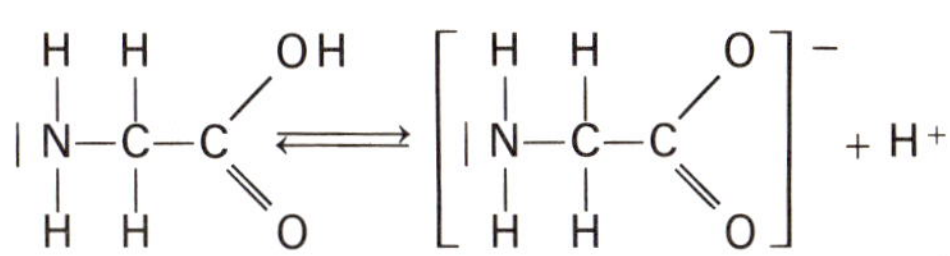

2) Die Aminogruppe besitzt wie Ammoniak ein freies Elektronenpaar, an dem sich ein Proton anlagern kann. Die Aminogruppe ist also ein Protonenempfänger (Base).

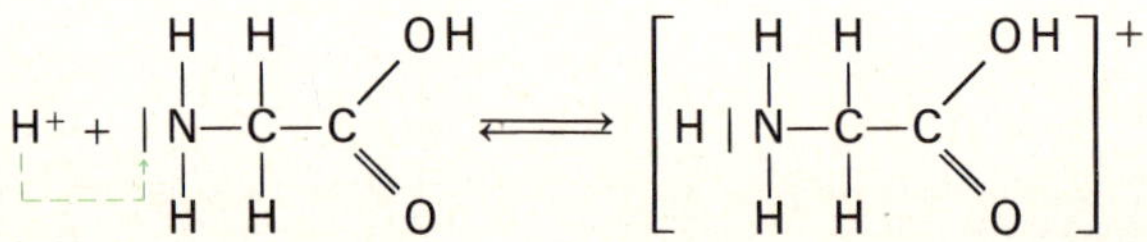

Aminosäuren zeigen sowohl Säure- als auch Baseneigenschaften. Verbindungen, die sich sowohl als Säure, als auch als Base verhalten, nennt man **amphotere Verbindungen**.

Bei Aminosäuren kann eine innermolekulare Neutralisation stattfinden. Dabei bildet sich ein Ion, das sowohl eine positive als auch eine negative Ladung trägt.

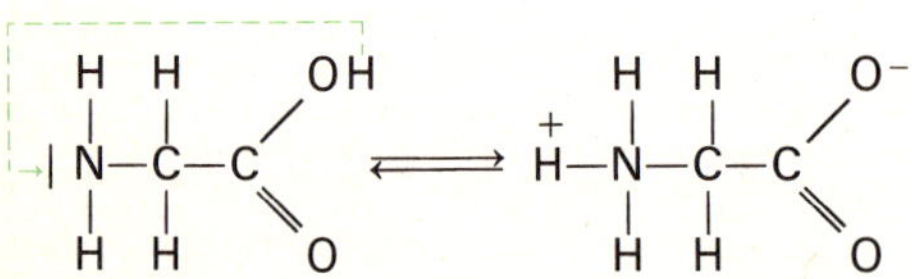

Zwitterion

Innermolekulare Neutralisation

Ionen, die sowohl eine positive als auch eine negative Ladung tragen, nennt man **Zwitterionen**.

**Aminosäuren sind amphoter**
**Aminosäuren bilden Zwitterionen**

α-Aminosäuren spielen eine entscheidende Rolle in der belebten Natur. Ca.20 solcher Aminosäuren bilden die Grundbausteine der natürlichen Eiweißstoffe. Für die meisten dieser Aminosäuren haben sich Trivialnamen eingebürgert, die auch heute noch bevorzugt benutzt werden. Häufig verwendet man auch Abkürzungen dieser Trivialnamen. Manche Aminosäuren können vom menschlichen Körper nicht synthetisiert werden, sie müssen mit der Nahrung aufgenommen werden (*essentielle Aminosäuren*).

# 12.1. Aminosäuren

| **Tabelle wichtiger Aminosäuren** | | |
|---|---|---|
| Trivialname | Abkürzung | Formel |
| Glycin oder Glykokoll | Gly | $CH_2-COOH$<br>\|<br>$NH_2$ |
| Alanin | Ala | $CH_3-CH-COOH$<br>\|<br>$NH_2$ |
| Valin* | Val | $(CH_3)_2-CH_2-CH-COOH$<br>\|<br>$NH_2$ |
| Leucin* | Leu | $(CH_3)_2-CH_2-CH_2-CH-COOH$<br>\|<br>$NH_2$ |
| Cystein | Cys | $H-S-CH_2-CH-COOH$<br>\|<br>$NH_2$ |
| Glutaminsäure | Glu | $HOOC-CH_2-CH_2-CH-COOH$<br>\|<br>$NH_2$ |
| Serin | Ser | $HOCH_2-CH-COOH$<br>\|<br>$NH_2$ |
| Phenylalanin* | Phe | $C_6H_5-CH_2-CH-COOH$<br>\|<br>$NH_2$ |
| Lysin* | Lys | $CH_2-CH_2-CH_2-CH_2-CH-COOH$<br>\| \|<br>$NH_2$ $NH_2$ |

* essentielle Aminosäuren

# 12. Aminosäuren und Eiweißstoffe

## 12.2. Eiweißstoffe

Aminosäuren mit einer Carboxylgruppe und einer Aminogruppe sind bifunktionell, d.h. jedes dieser Moleküle kann an zwei Stellen mit anderen Reaktionspartnern chemische Verbindungen eingehen.

Aminosäuren können sich auch miteinander verbinden, wobei die Aminogruppe einer Aminosäure mit der Carboxylgruppe einer anderen Aminosäure reagiert.

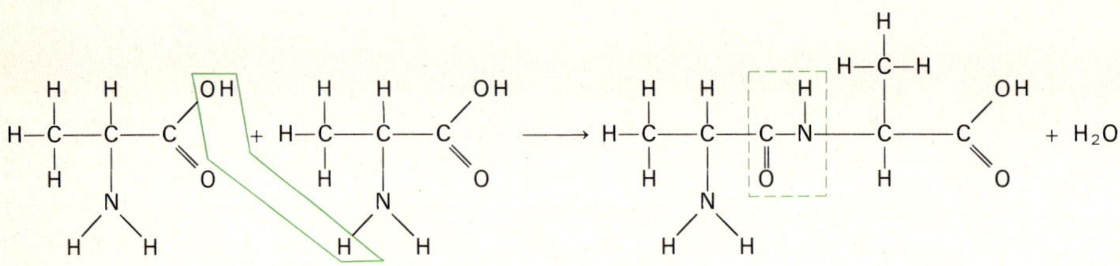

Zwei Aminosäuren verknüpfen sich zu einem Dipeptid

So werden unter Wasseraustritt zwei Aminosäuren miteinander verknüpft. Das Wasser bildet sich aus der Hydroxylgruppe der Carboxylgruppe der einen Aminosäure und einem Wasserstoffatom aus der Aminogruppe der anderen Aminosäure. Einen Reaktionstyp, bei dem sich Moleküle unter Austritt eines kleineren Teilchens miteinander verknüpfen, nennt man eine **Kondensationsreaktion** oder kurz eine **Kondensation.**

Aminosäuren verknüpfen sich untereinander über die sogenannte Peptidbindung:

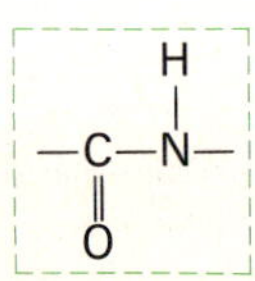

Bei der Verknüpfung zweier Aminosäuren entsteht ein **Dipeptid**. Das Dipeptid und alle weiteren Kondensationsprodukte enthalten wieder eine Aminogruppe und eine Carboxylgruppe, so daß in gleicher Weise weitere Aminosäuren zu immer längeren Kondensationsprodukten weiterreagieren können.

Drei Aminosäuren vereinigen sich zu einem Tripeptid. Verknüpfungen von bis zu 10 Aminosäuren faßt man unter der Bezeichnung **Oligopeptide** zusammen. Kondensationsprodukte von mehr als 10 Aminosäuren nennt man **Polypeptide**. Polypeptide aus mehr als 100 Aminosäuren sind **Eiweißstoffe** (*Proteine*). Eiweißstoffe sind also langkettige Großmoleküle (*Makromoleküle*), die man sich aus der Kondensation vieler Aminosäuren entstanden denken kann. Charakteristisches Merkmal aller Eiweißmoleküle ist die in regelmäßigen Abständen auftretende Peptidbindung.

# 12.2. Eiweißstoffe

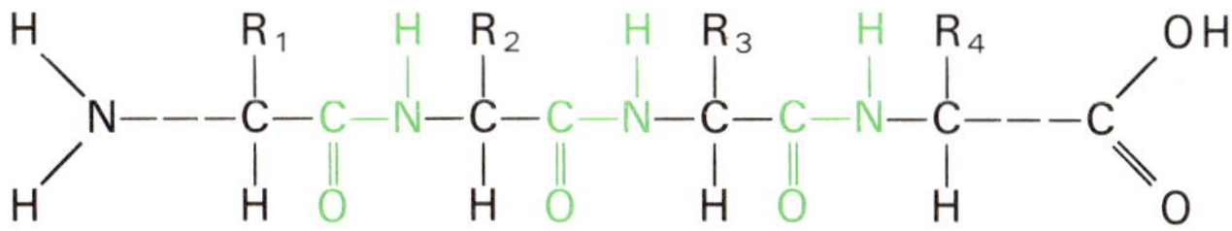


Ausschnitt aus der Strukturformel eines Proteins (Eiweißstoff); $R_1$, $R_2$, $R_3$, $R_4$ symbolisieren verschiedene organische Reste

Eiweißmoleküle haben eine extrem große Molekülmasse. Sie liegt je nach Art des Proteins zwischen 10 000 und mehreren Millionen u.

Natürliche Eiweißstoffe sind aus ca. 20 verschiedenen α-Aminosäuren aufgebaut. In einer bestimmten Eiweißsorte sind die am Aufbau beteiligten Aminosäuren in einer genau festgelegten Reihenfolge aneinandergeknüpft. Man nennt dies die **Aminosäuresequenz**. Jede Eiweißsorte hat eine andere Sequenz (= *Aufeinanderfolge*). Aus den Kombinationsmöglichkeiten der natürlichen Aminosäuren ergibt sich eine unüberschaubare Vielfalt verschiedenartiger Proteine.

Betrachtet man z. B. einen kurzen Abschnitt aus einer Polypeptidkette, in der 4 Aminosäuren, nämlich Glycin, Valin und 2mal Alanin miteinander verknüpft sind, so ergeben sich schon 12 verschiedene Möglichkeiten. Dabei ist dies nur ein winziger Ausschnitt aus einem Polypeptid, in dem vielleicht hunderte oder gar einige Tausend Aminosäuren miteinander verkettet sind. →

| | | | | |
|---|---|---|---|---|
| 1. | Gly | Val | Ala | Ala |
| 2. | Gly | Ala | Val | Ala |
| 3. | Gly | Ala | Ala | Val |
| 4. | Val | Gly | Ala | Ala |
| 5. | Val | Ala | Gly | Ala |
| 6. | Val | Ala | Ala | Gly |
| 7. | Ala | Ala | Gly | Val |
| 8. | Ala | Ala | Val | Gly |
| 9. | Ala | Val | Ala | Gly |
| 10. | Ala | Gly | Ala | Val |
| 11. | Ala | Val | Gly | Ala |
| 12. | Ala | Gly | Val | Ala |

Schon wenige Aminosäuren können sich in vielen Varianten verknüpfen.

Bildet man aus den 20 verschiedenen natürlichen Aminosäuren eine Peptidkette, bei der jede Aminosäure nur einmal vorkommt, so ergibt sich schon hier eine ungeheuer große Zahl von unterschiedlichen

# 12. Aminosäuren und Eiweißstoffe

Anordnungen. Rechnerisch lassen sich
$20 \cdot 19 \cdot 18 \cdot 17 \cdot 16 \cdot 15 \cdot 14 \cdot 13 \cdot 12 \cdot 11 \cdot 10 \cdot 9 \cdot 8 \cdot 7 \cdot 6 \cdot 5 \cdot 4 \cdot 3 \cdot 2 \cdot 1$
Eikosipeptide (Peptide aus 20 Aminosäuren) ermitteln. Bei dieser Zahl handelt es sich um die Fakultät von 20 (= 20!).

$$20! = 2{,}432902008 \cdot 10^{18}$$
$$= 2432902008000000000$$

Eiweißstoffe können aber aus mehreren Tausend Aminosäuren aufgebaut sein. Die Anzahl der verschiedenen Sequenzen, die man daraus konstruieren kann, ist unvorstellbar groß.
Die Aufeinanderfolge der Aminosäuren ist das wichtigste Strukturmerkmal für jeden Eiweißstoff. Man nennt deshalb die **Aminosäuresequenz** auch die **Primärstruktur** eines Proteins.
Eiweißmoleküle sind langkettige Gebilde. Diese langen Ketten liegen im allgemeinen nicht gestreckt vor. Zwischen den Sauerstoffatomen und den Wasserstoffatomen der Peptidbindungen bilden sich **Wasserstoffbrückenbindungen** aus. Diese Wasserstoffbrücken können sich innerhalb eines Moleküls ausbilden. Die Folge davon ist, daß dieses Eiweißmolekül zu einer Spirale (*Helix*) geformt ist.

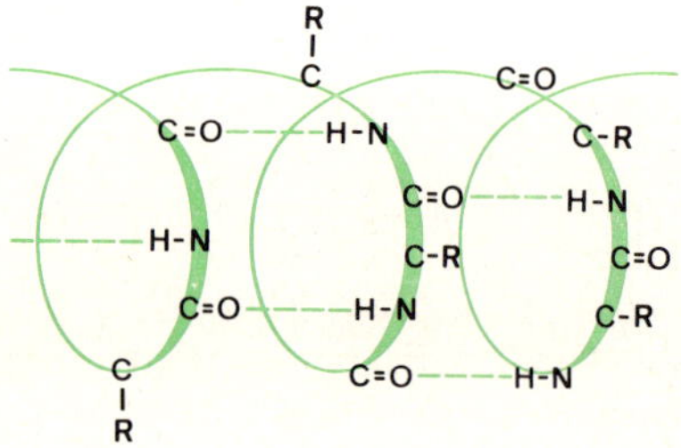


*Abb. 24*
*Ausschnitt aus der Helix eines Eiweißmoleküls*

Die Wasserstoffbrücken können sich aber auch zwischen den Peptidbindungen benachbarter Eiweißmoleküle bilden. Auf diese Weise kommen viele Eiweißmoleküle in einer Fläche nebeneinander zu liegen. Diese Flächen sind jedoch nicht eben, sondern mehrfach geknickt, ähnlich wie ein mehrfach gefaltetes Blatt Papier. Man spricht deshalb von der Faltblattstruktur mancher Eiweißstoffe.

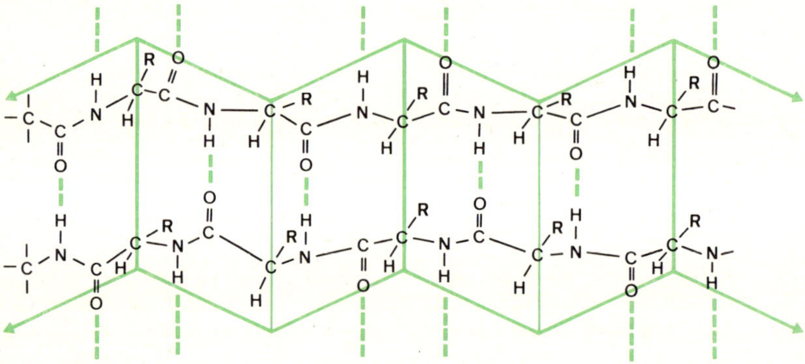

*Abb. 25*
*Ausschnitt aus der Faltblattsstruktur von Eiweißstoffen*

Helixstruktur bzw. Faltblattstruktur bezeichnet man als **Sekundärstruktur** eines Eiweißstoffes.
Neben der Primärstruktur und der Sekundärstruktur von Eiweißstoffen spricht man auch noch von einer **Tertiärstruktur**. Man versteht darunter die günstige räumliche Anordnung der schraubenförmigen bzw. der gefalteten Peptidketten zueinander. Dabei sind die einzelnen Helices bzw. Faltblätter häufig durch „**Disulfidbrücken**" miteinander verbunden. Solche „**Schwefelbrücken**" können sich ausbilden, weil manche Aminosäuren (z.B. Cystein) –S–H-Gruppen enthalten. Mehrere so in Tertiärstruktur vorliegende Peptidketten können zu ganz bestimmten, charakteristischen Proteineinheiten zusammengelagert sein. Man spricht dann von der **Quartärstruktur** von Proteinen.

Proteine sind wichtige Stoffe, die in den Zellen lebender Organismen entscheidende Aufgaben zu erfüllen haben. Wegen ihrer komplizierten Strukturen sind die Eiweißstoffe aber auch gegen äußere Einflüsse besonders empfindlich. Die Sekundär-, Tertiär- und Quartärstrukturen werden leicht durch Temperaturerhöhung, Säurezusatz, Alkoholeinwirkung oder durch Beeinflussung durch Schwermetallionen zerstört. Das Eiweiß wird **denaturiert**, dabei verliert es viele seiner spezifischen Eigenschaften. Dies ist häufig mit einer Ausflockung (*Koagulation*) verbunden. Das Festwerden von Eiern beim Kochen, oder das gerinnen von Milch bei Säurezusatz sind bekannte Beispiele für die Denaturierung von Eiweiß. Der Denaturierungsprozess ist in den meisten Fällen **irreversibel**, d.h. er kann nicht rückgängig gemacht werden. Eiweißstoffe zeigen mit Kupfersulfat oder mit konzentrierter Salpetersäure typische Farbreaktionen, die deshalb im Labor auch als Nachweisreaktionen für Eiweißstoffe benutzt werden.

a) Biuretreaktion mit Kupfersulfat:

$$\text{Protein} + CuSO_4 + NaOH + \text{Wärme} \longrightarrow \text{Violettfärbung}$$

b) Xanthoproteinreaktion mit konz. Salpetersäure:

$$\text{Protein} + \text{konz. } HNO_3 + \text{Wärme} \longrightarrow \text{Gelbfärbung}$$

## 12.3. Enzyme (Fermente)

In den Zellen der Lebewesen läuft eine Vielfalt chemischer Vorgänge ab. Viele dieser Reaktionen müssen katalysiert werden, weil bei den relativ niedrigen Temperaturen innerhalb der Organismen (beim Menschen ca. 37° C) die Reaktionsgeschwindigkeit viel zu gering wäre. Die dazu nötigen Katalysatoren werden im allgemeinen in der Zelle selbst hergestellt. Man nennt sie **Enzyme** oder manchmal auch **Fermente**. Wegen ihrer entscheidenden Bedeutung bei den Stoffwechselvorgängen in der belebten Natur bezeichnet man Enzyme auch als **Biokatalysatoren**. Die Namen der Enzyme haben meistens die Endung -ase (z.B. *Katalase, Urease, Maltase* usw.). Enzyme sind kompliziert aufgebaute Eiweißstoffe mit ganz speziellen Eigenschaften:

a) Wirkungsspezifität: Enzyme katalysieren nur ganz bestimmte Reaktionsschritte. Besteht ein biochemischer Prozess aus mehreren aufeinanderfolgenden unterschiedlichen Reaktionsschritten, so sind meist auch ebensoviele unterschiedliche Enzyme notwendig.

# 12. Aminosäuren und Eiweißstoffe

b) Substratspezifität: Enzyme entfalten ihre Wirkung nur an ganz bestimmten Substanzen. Man bezeichnet Stoffe, die mit Hilfe von Enzymen verändert werden sollen, als Substrate. Das Enzym lagert sich dabei an einer genau festgelegten Stelle des Substrats an. So, wie man zum Aufsperren eines Schlosses einen genau passenden Schlüssel braucht, so benötigt jedes Substrat sein spezielles Enzym.

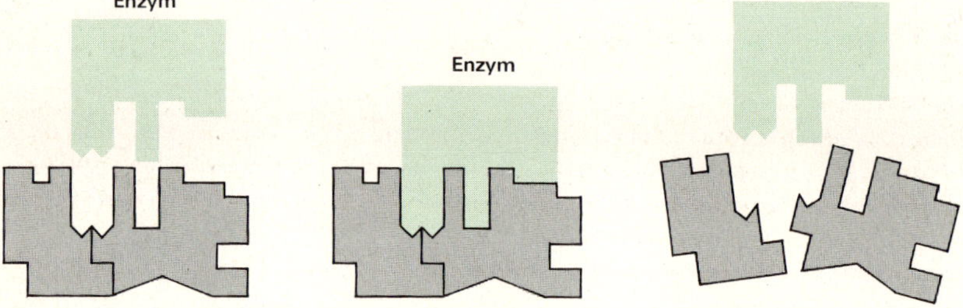


*Abb. 26*
*Modellvorstellung vom Schlüssel-Schloß-Prinzip der Enzymwirkung*

Wie alle Eiweißstoffe, so können auch Enzyme durch äußere Einflüsse (z. B. Hitze) leicht denaturiert werden. Enzyme verlieren dadurch ihre Wirkung. Daraus erklären sich auch die Giftwirkung von Säuren, Schwermetallionen und Alkohol auf lebende Organismen.

Die Enzyme wirken auch außerhalb der lebenden Zelle. So wurden z. B. Waschmittel entwickelt, die Enzyme enthalten. Solche „Bio-Waschmittel" eignen sich besonders gut zur Reinigung von Textilien, die mit eiweißhaltigen Substanzen (Blut, Fleischsaft, Milch) verunreinigt sind. Allerdings verlieren diese biologisch-aktiven Waschmittel ihre eiweißspaltenden Eigenschaften bei zu hohen Temperaturen (über ca. 60° C), weil die Enzyme dann denaturiert werden und so ihre Wirkung verlieren.

***Aufgaben:***

*233.* Was sind Aminosäuren?
*234.* Wie lautet die Strukturformel der $\beta$-Aminopropionsäure?
*235.* Was bestimmt die charakteristischen chemischen Eigenschaften der Aminosäuren?
*236.* Was bedeutet die Aussage: „Aminosäuren sind amphoter."?
*237.* Welche Reaktion ist zu erwarten, wenn man zu einer Lösung von Aminoessigsäure Natronlauge gibt?
*238.* Was geschieht, wenn man zu einer Lösung von Aminoessigsäure Salzsäure gibt?
*239.* Was ist ein Zwitterion? Geben Sie ein Formelbeispiel.
*240.* In eine Lösung von Aminoessigsäure werden zwei Elektroden getaucht und eine Gleichspannung angelegt. Ist eine elektrische Leitfähigkeit zu

# Aufgaben

erwarten? Begründen Sie ihre Aussage.

*241.* Welche Bedeutung haben Aminosäuren in der belebten Natur?

*242.* Was sind essentielle Aminosäuren?

*243.* Was bedeuten die Bezeichnungen Gly, Val, Cys?

*244.* Inwiefern sind Aminosäuren bifunktionell?

*245.* Zwei Moleküle einer α-Aminosäure reagieren miteinander. Erklären Sie den Reaktionstyp. Welches Reaktionsprodukt entsteht?

*246.* Was versteht man unter einer Peptidbindung?

*247.* Was ist ein Oligopeptid?

*248.* Warum können sich Aminosäuren zu Makromolekülen verbinden?

*249.* Skizzieren und erläutern Sie einen charakteristischen Ausschnitt aus der Strukturformel eines Eiweißmoleküls.

*250.* Wie groß ist die Molekülmasse von Proteinen?

*251.* Wie erklärt sich die fast unüberschaubare Vielfalt der natürlichen Eiweißstoffe?

*252.* — Ser — Ser — Leu — Leu — ist der Ausschnitt einer Polypeptidkette. Geben Sie alle Variationsmöglichkeiten an.

*253.* Wieviele verschiedene Möglichkeiten ergeben sich, wenn sich vier verschiedene Aminosäuren zu einem Tetrapeptid vereinigen?

*254.* Was versteht man unter der Primärstruktur eines Proteins?

*255.* Was versteht man unter einer Helix im Zusammenhang mit Eiweißstoffen?

*256.* Was ist eine Faltblattstruktur?

*257.* Was versteht man unter der Sekundärstruktur von Eiweiß?

*258.* Welche Strukturmerkmale treten bei Eiweißstoffen außer der Primär- und Sekundärstruktur noch auf? Geben Sie eine kurze Erklärung dazu.

*259.* Was versteht man unter Denaturierung von Eiweiß? Wann tritt dieser Vorgang ein?

*260.* Was ist eine Koagulation?

*261.* Was geschieht, wenn Milch gerinnt oder wenn Hühnereiweiß erhitzt wird?

*262.* Geben Sie zwei Nachweisreaktionen für Eiweiß an.

*263.* Was sind Enzyme?

*264.* Warum sind für viele chemische Vorgänge in der lebenden Zelle Enzyme notwendig?

*265.* Was versteht man unter der Wirkungsspezifität und unter der Substratspezifität von Enzymen?

*266.* Erläutern Sie die Modellvorstellung vom Schlüssel-Schloß-Prinzip der Enzymwirkung.

*267.* Gibt man zu frisch geriebener roher Kartoffel eine Lösung von Wasserstoffperoxid, so entweicht Sauerstoff, weil Kartoffeln das Enzym Katalase enthalten. Katalase beschleunigt den Zerfall von Wasserstoffperoxid in Wasser und Sauerstoff. Gibt man jedoch vorher etwas Kupfersulfatlösung zur geriebenen Kartoffel, so zeigt sich keine Sauerstoffentwicklung. Wie ist das zu erklären?

*268.* Wie kann die Wirkung von Enzymen blockiert werden?

*269.* Was sind Bio-Waschmittel?

*270.* Was ist beim Gebrauch von Bio-Waschmitteln zu beachten, um ihre Wirkung voll zu nutzen?

# 13. Kohlenhydrate

Kohlenhydrate sind wichtige Naturstoffe, die praktisch nur von pflanzlichen Organismen synthetisiert werden. Es handelt sich dabei hauptsächlich um Zucker, Stärke und Cellulose.
Der Name Kohlenhydrate ist historisch bedingt. Als man im vorigen Jahrhundert damit begann, diese organischen Verbindungen zu analysieren, fand man heraus, daß diese Substanzen fast ausnahmslos aus Kohlenstoff-, Wasserstoff- und Sauerstoffatomen bestehen, wobei Wasserstoff und Sauerstoff praktisch immer im Zahlenverhältnis 2:1, genauso wie im Wasser, auftreten. Als allgemeine Formel für Kohlenhydrate wurde $C_n(H_2O)_m$ gefunden. Man vermutete daher, daß es sich hier um Verbindungen von Kohlenstoff mit Wasser handelt (Hydrate des Kohlenstoffs = Kohlenhydrate). Heute weiß man, daß diese Stoffe keineswegs Wassermoleküle enthalten. Der Name wurde jedoch beibehalten. Heute ist die Bezeichnung Kohlenhydrate ein Sammelbegriff für die verschiedenen Zuckerarten oder solchen Verbindungen, die sich von Zuckern ableiten. Kohlenhydrate werden deshalb auch Saccharide (lat. saccharum = Zucker) genannt.
In der systematischen Namensgebung erhalten diese Substanzen die Endung -ose (z.B. Glucose für Traubenzucker, Fructose für Fruchtzucker).

**Glucose**, bekannter unter dem Namen Traubenzucker, ist eines der bekanntesten und wichtigsten Kohlenhydrate. Die Summenformel für Glucose lautet $C_6H_{12}O_6$. Nach seiner Struktur ist Glucose gleichzeitig ein mehrwertiger Alkohol (5 Hydroxylgruppen) und ein Aldehyd. Man bezeichnet einen Zucker mit einer Aldehydgruppe als **Aldose**.

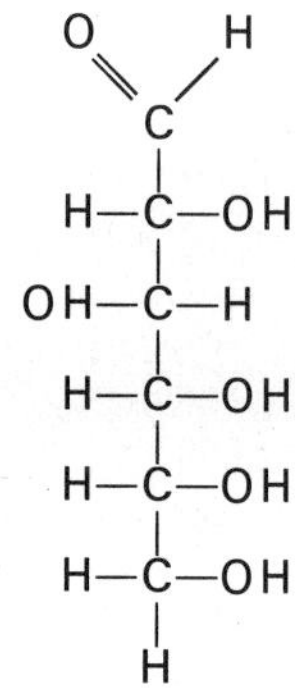


Wie zu erwarten, reagiert Glucose bei der FEHLINGschen Probe wie ein Aldehyd. Beim Test mit fuchsinschwefeliger Säure (SCHIFFsche Probe) zeigt jedoch Glucose keine Aldehydreaktion. Der Grund dafür liegt darin, daß Glucose zum größten Teil nicht in der Aldehydform, sondern als ringförmiges Molekül vorliegt. Der Ringschluß erfolgt über eine Sauerstoffbrücke zwischen dem 1. und 5. Kohlenstoffatom (*Sechserring*). Die Aldehydform (*Kettenstruktur*) steht mit der Ringstruktur im Gleichgewicht, wobei dieses weitgehend auf die Seite der ringförmigen Moleküle verschoben ist.

# 13. Kohlenhydrate

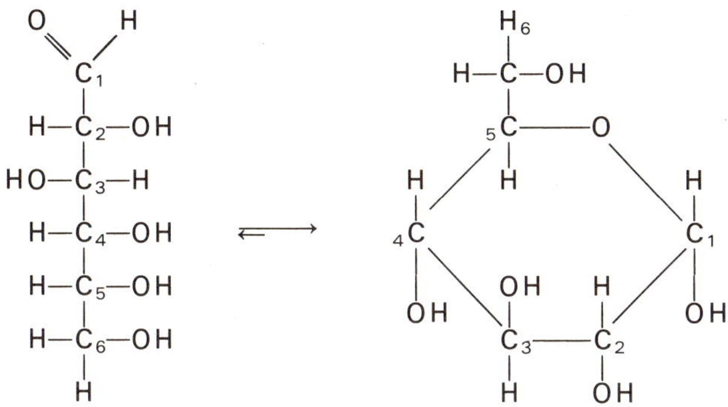

Gleichgewicht bei der Glucose zwischen Aldehydform und Ringstruktur

Glucose (*Traubenzucker*) kommt nicht nur im Saft der Trauben, sondern auch in anderen süßen Früchten und im Bienenhonig vor. Als wichtiger Energielieferant ist Glucose auch im Blut enthalten (ca. 0,1 %). Die Oxidation von Glucose mit Sauerstoff liefert viel Energie.

$$C_6H_{12}O_6 + 6\,O_2 \longrightarrow 6\,CO_2 + 6\,H_2O; \quad \Delta H = -2824\,kJ$$

Ein weiterer wichtiger Zucker ist **Fructose** (*Fruchtzucker*). Sie hat ebenfalls die Summenformel $C_6H_{12}O_6$, unterscheidet sich aber in der Struktur von Glucose. Fructose ist ebenfalls ein mehrwertiger Alkohol mit 5 OH-Gruppen, sie enthält jedoch keine Aldehyd, sondern eine Ketogruppe. Einen Zucker mit einer Ketogruppe bezeichnet man als **Ketose**. Bei der Fructose besteht ebenfalls ein Gleichgewicht zwischen der Ketostruktur (Kettenform) und einer Ringstruktur. Der Ringschluß erfolgt hier zwischen dem 2. und 5. Kohlenstoffatom (Fünferring).

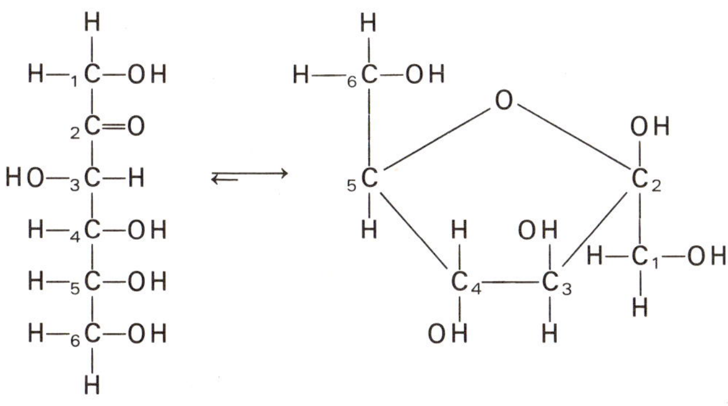

Gleichgewicht bei der Fructose zwischen der Ketoform und Ringstruktur

# 13. Kohlenhydrate

Fructose kommt ähnlich wie Glucose in vielen Früchten und im Bienenhonig vor. Fructose schmeckt süßer als Glucose. Führt man mit Fructose die FEHLING-Probe durch, so verläuft diese wider Erwarten positiv, obwohl Fructose keine Aldehydgruppe sondern eine Ketogruppe enthält. Die Erklärung dafür ist, daß Fructose sich in wässeriger Lösung bei Anwesenheit von viel $OH^-$-Ionen in Glucose umwandelt. In der stark basischen FEHLINGschen Lösung wird deshalb ein Großteil der Fructose (Ketose) in Glucose (Aldose) umgewandelt.
Das wohl bekannteste Kohlenhydrat ist unser Haushaltszucker (Rübenzucker, Rohrzucker). Er wird auch **Saccharose** genannt. Saccharose ist chemisch gesehen ein Kondensationsprodukt aus einem Molekül Glucose und einem Molekül Fructose.

$$C_6H_{12}O_6 + C_6H_{12}O_6 \longrightarrow C_{12}H_{22}O_{11} + H_2O$$

Glucose + Fructose ⟶ Saccharose + Wasser

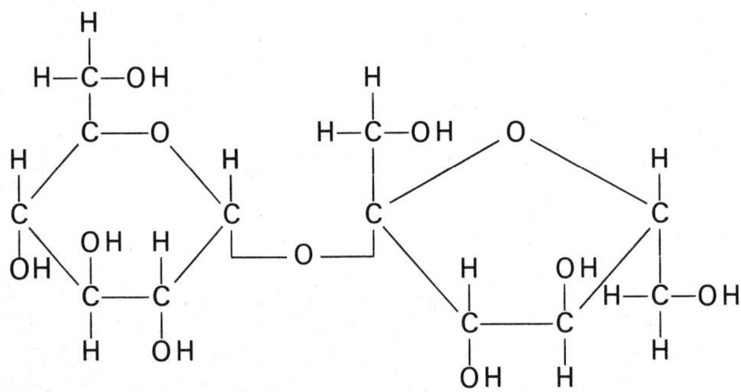


Saccharose ist aus Glucose und Fructose aufgebaut

Glucose und Fructose sind Einfachzucker (*Monosaccharide*). Weil Saccharose aus zwei Einfachzuckern aufgebaut ist, bezeichnet man sie als Zweifachzucker (*Disaccharid*).
Saccharose ist ein wichtiges Nahrungsmittel. Sie wird in großen Mengen aus Zuckerrüben oder Zuckerrohr gewonnen. Mit der FEHLING-Probe kann man Saccharose von Glucose und Fructose unterscheiden. Saccharose reagiert nicht mit FEHLINGscher Lösung, weil durch die Verknüpfung von Glucose und Fructose die funktionellen Gruppen, die mit FEHLINGscher Lösung reagieren, blockiert sind.
Ein weiteres wichtiges Disaccharid ist Malzzucker (Maltose). Er ist aus zwei Molekülen Glucose aufgebaut.
Monosaccharide können sich auch zu größeren Moleküleinheiten vereinigen (*Dreifachzucker*, *Vierfachzucker* usw.). Allgemein bezeichnet man Zuckermoleküle, die aus 2 bis 8 Monozuckern kon-

# 13. Kohlenhydrate

densiert sind, als **Oligosaccharide**.
Ähnlich wie die Aminosäuren bei den Eiweißstoffen, so können sich auch die Monosaccharide zu riesigen Molekülen zusammenlagern. Dabei sind hunderte, manchmal sogar tausende von Monozuckern zu langen Ketten oder auch zu vernetzten Makromolekülen vereinigt. Solche Verbindungen bezeichnet man als **Polysaccharide**.
Polysaccharide spielen in der belebten Natur eine lebenswichtige Rolle. Die wichtigsten Polysaccharide, nämlich Stärke, Glykogen (*tierische Stärke*) und Cellulose sind aus Glucoseeinheiten aufgebaut.
Die Glucose wird in Pflanzen mit Hilfe von Blattgrün (*Chlorophyll*) aus Wasser und Kohlendioxid unter Ausnutzung des Sonnenlichtes (*Lichtenergie*) synthetisiert.

$$6\,CO_2 + 6\,H_2O \longrightarrow C_6H_{12}O_6 + 6\,O_2; \quad \Delta H = +3090\,kJ$$

Die bei dieser Photosynthese gebildete Glucose wird von den Pflanzen zum großen Teil zu höhermolekularen Kohlenhydraten aufgebaut. Auf diese Weise entstehen Oligosaccharide (z. B. Saccharose) und Polysaccharide (z. B. Stärke und Cellulose).
**Stärke** ist der wichtigste Speicherstoff in den Pflanzen. Pflanzliche Stärke ist einer der wichtigsten Nahrungsstoffe für die Lebewesen. Mit FEHLINGscher Lösung zeigt Stärke keine Reaktion, weil bei der Verknüpfung der einzelnen Glucosebausteine die Aldehydgruppen blockiert wurden.
Kocht man jedoch Stärke mit Wasser, dem etwas Säure (z. B. Salzsäure oder Schwefelsäure) zugesetzt wurde, so wird die Stärke in ihre Bausteine (**Glucose**) aufgespalten. Dieser Hydrolysevorgang verläuft bei Anwesenheit von $H^+_{aq}$-Ionen bedeutend schneller als nur mit Wasser allein. Nach dieser Säurespaltung der Stärke verläuft die FEHLING-Probe positiv.

$$\underset{\text{Stärke}}{(C_6H_{10}O_5)_n} + n\,H_2O \xrightarrow{[H^+_{aq}]} \underset{\text{Glucose}}{n\,C_6H_{12}O_6}$$

Auf diese Weise werden große Mengen Traubenzucker aus Stärke hergestellt.
Stärke besteht aus langen, kettenförmigen Makromolekülen, die meistens spiralig angeordnet sind.

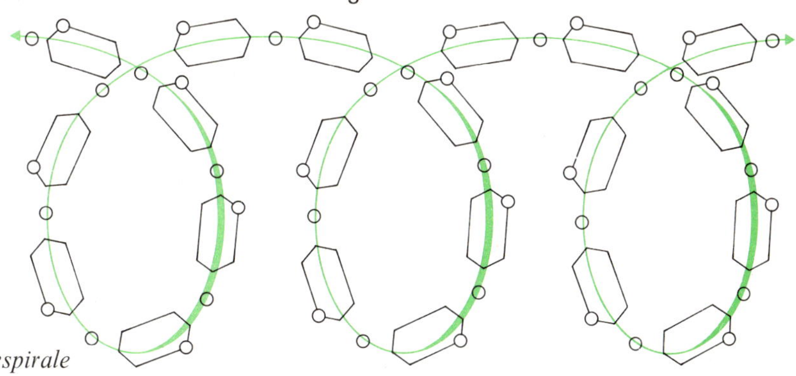

*Abb. 27 Stärkespirale*

# 13. Kohlenhydrate

Mit Jod zeigt Stärke eine typische Blaufärbung. Diese Jod-Stärke-Reaktion dient als empfindliche Nachweisreaktion für Stärke.

**Cellulose** ist ebenfalls aus Glucoseeinheiten aufgebaut. Die Verknüpfung der Monozucker ist aber anders als bei Stärke. Cellulose ist der wichtigste pflanzliche Gerüststoff. Die Zellwände aller Pflanzen sind aus Cellulose (daher auch der Name!).

Cellulose besteht aus langen unverzweigten Ketten, aus tausenden (über 10 000) von Glucoseeinheiten, die sich zu Faserbündeln zusammenlagern. Viele dieser langen Fasermoleküle sind dabei untereinander mit **Wasserstoffbrücken** verbunden. In **Baumwolle**, in Watte oder in den Stengeln von Hanf oder Flachs zeigt sich diese Faserstruktur besonders auffällig.

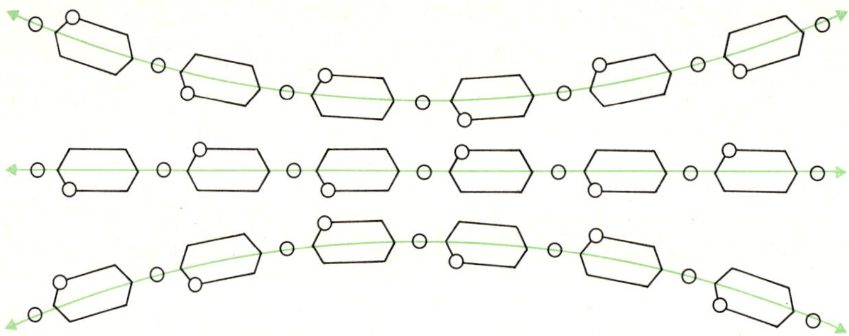

*Abb. 28 Faserbündel aus Celluloseketten*

Cellulose kann mit Chlorzinkjodlösung nachgewiesen werden (Violettfärbung). Durch längeres Kochen in Mineralsäuren kann Cellulose ähnlich wie Stärke in Glucoseeinheiten aufgespalten werden. Cellulose kann im Gegensatz zur Stärke vom menschlichen Organismus nicht verdaut werden. Manche Säugetiere (z. B. Wiederkäuer) können jedoch Cellulose mit Hilfe von Bakterien verwerten.

Cellulose ist ein wichtiger Rohstoff zur Herstellung von Naturfasergeweben, von Kunstseide (*Reyon*), von Papier und von bestimmten Kunststoffen (*Celluloid, Cellophan*).

Große Mengen Cellulose werden aus Holz gewonnen. Dabei muß in den **Zellstoffwerken** die Cellulose von ihren Begleitstoffen wie z. B. dem Holzstoff Lignin abgetrennt werden.

***Aufgaben:***

*271.* Wie ist die Bezeichnung „Kohlenhydrate" zu erklären?
*272.* Was versteht man heute unter Kohlenhydraten?
*273.* Was sind Saccharide chemisch gesehen?
*274.* Was ist Traubenzucker chemisch gesehen?
*275.* Glucose und Fructose haben die gleiche Summenformel. Worin liegt ihr Unterschied?
*276.* Warum zeigt Glucose bei der SCHIFFschen Probe keine Reaktion?
*277.* Was versteht man unter Ketoform und Ringstruktur bei der Fructose?
*278.* Was ist Saccharose? Wie ist ihr chemischer Aufbau?
*279.* Was sind Monosaccharide?
*280.* Was sind Oligosaccharide?
*281.* Nennen Sie drei wichtige Polysaccharide.
*282.* Wie werden Polysaccharide in Pflanzen aufgebaut?
*283.* Wie verläuft die FEHLING-Probe mit Glucose und mit Fructose?
*284.* Wie kann man Haushaltszucker von Traubenzucker chemisch unterscheiden?
*285.* Wie ist Stärke aufgebaut? Wie verhält sie sich bei der FEHLING-Probe?
*286.* Wie kann man aus Stärke Glucose gewinnen?
*287.* Wie kann man Stärke nachweisen?
*288.* Worin besteht der Unterschied zwischen Stärke und Cellulose?
*289.* Wie erklären Sie sich den Begriff „Holzverzuckerung"?
*290.* Wozu verwendet man Cellulose?

# 14. Stoffwechselvorgänge im menschlischen Körper

Die Nahrungsaufnahme ist eine der wichtigsten Voraussetzungen zur Aufrechterhaltung der Lebensvorgänge. Dabei hat die Nahrung zwei Hauptaufgaben zu erfüllen. Erstens **Baustoffe** für den Aufbau und die Vermehrung der Körperzellen zu liefern und zweitens **Betriebsstoffe** für die Energiegewinnung bereitzustellen. Lebewesen verbrauchen viel Energie bei Bewegungsvorgängen, für den Ablauf biochemischer Vorgänge und zur Erzeugung der notwendigen Körpertemperatur. Kohlenhydrate, Fette und Eiweißstoffe sind die Hauptbestandteile der menschlichen Ernährung. Damit die Nahrungsstoffe vom Körper aufgenommen werden können, müssen sie „verdaut" werden. Dabei wird die Nahrung in den Verdauungsorganen soweit chemisch abgebaut, daß sie von den Darmzotten absorbiert (aufgesaugt) werden können. Das Blut transportiert die resorbierten Nährstoffe zu den verschiedenen Körperzellen. Dort werden sie zu neuen Körpersubstanzen aufgebaut, oder sie werden oxidiert und liefern dabei Energie.

Bei der Verdauung werden die Nahrungsstoffe mit Hilfe einer Vielzahl von Enzymen (*Biokatalysatoren*) in vielen aufeinanderfolgenden Teilschritten in ihre Grundbausteine zerlegt. Die Kohlenhydrate werden in Monosaccharide aufgespalten, aus Fetten entstehen Fettsäuren und Glycerin und die Eiweißstoffe werden in die einzelnen Aminosäuren zerlegt, aus denen sie aufgebaut sind.
In den Körperzellen werden die resorbierten Stoffe zum Teil zu neuen Körpersubstanzen aufgebaut. Der größte Teil wird jedoch zum Zweck der Energiegewinnung abgebaut. Dabei unterscheidet man zwei Arten des Abbaus:
1. **Aerober Abbau:** Hier findet eine Oxidation mit Luftsauerstoff statt. Man nennt diesen Prozeß auch Atemvorgang. Kohlenhydrate und Fette werden zu Kohlendioxid und Wasser verbrannt. Beim oxidativen Abbau der Aminosäuren entsteht neben Kohlendioxid und Wasser außerdem Harnstoff $NH_2-CO-NH_2$, der mit dem Harn ausgeschieden wird.

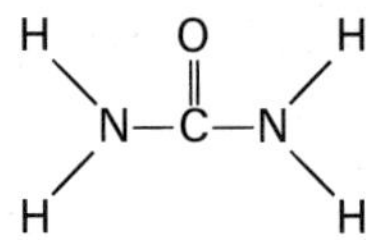

Harnstoff, ein Abbauprodukt der Aminosäuren

Bei der vollständigen Verbrennung mit Sauerstoff beträgt der Energiegewinn pro Gramm:

| | |
|---|---|
| Kohlenhydrat | 17,2 kJ |
| Fett | 38,0 kJ |
| Eiweiß | 17,2 kJ |

Beim Atemvorgang verläuft diese Oxidation in vielen Teilschritten, wobei stufenweise immer neue Stoffe entstehen, die nur um einen kleinen Betrag energieärmer als die vorhergehenden sind. Durch diesen Stufenprozeß (Atmungskette), der durch zahlreiche Enzyme gesteuert wird, erhält der Körper die freiwerdende Energie in kleinen Portionen über einen längeren Zeitraum verteilt. Würde alle Energie wie

# 14. Stoffwechselvorgänge im menschlischen Körper

bei einer direkten vollständigen Verbrennung sofort frei, dann würden die Körperzellen wegen der starken Hitzeentwicklung sofort zerstört.

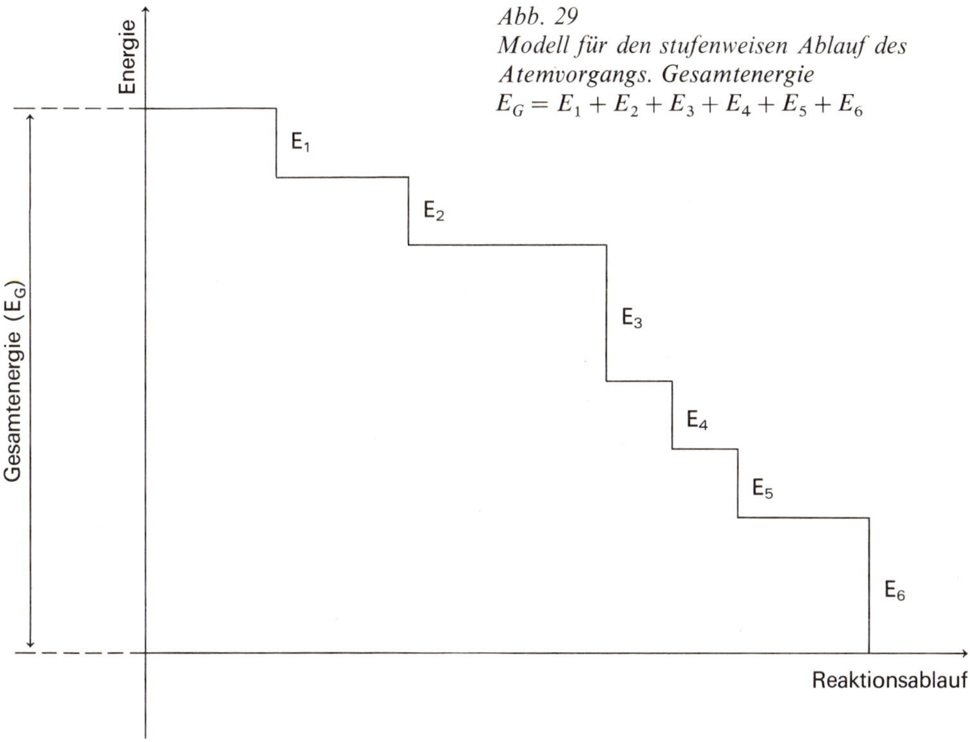


*Abb. 29*
*Modell für den stufenweisen Ablauf des Atemvorgangs. Gesamtenergie*
$E_G = E_1 + E_2 + E_3 + E_4 + E_5 + E_6$

2. **Anaerober Abbau**: Im Organismus können energiereiche Stoffe, wie z. B. Glucose auch ohne die Mitwirkung von Sauerstoff abgebaut werden. Auch bei diesem Vorgang, den man **Gärung** nennt, wird Energie frei, die der Körper zur Aufrechterhaltung der Lebensfunktionen verwerten kann. Unter dem Einfluß einer Reihe von Enzymen entsteht z. B. aus Glucose bei der Milchsäuregärung Milchsäure:

# 14. Stoffwechselvorgänge im menschlischen Körper

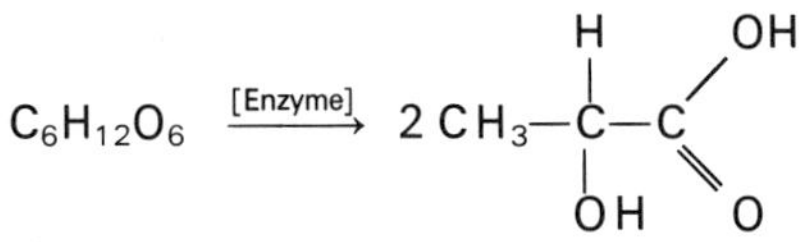


Glucose Milchsäure

$\Delta H = -92\,kJ$

Die im Organismus entstandene Milchsäure kann dann stufenweise z. B. durch Einschleusen in die Atmungskette weiter abgebaut werden, wobei weitere Energieportionen frei werden.
Eine weitere wichtige Gärungsart ist die **alkoholische Gärung**, dabei entsteht aus Glucose Ethanol und Kohlendioxid:

$$C_6H_{12}O_6 \xrightarrow{[Enzyme]} 2\,C_2H_5OH + 2\,CO_2; \quad \Delta H = -88\,kJ$$

Milchsäure bzw. Ethylalkohol sind immer noch verhältnismäßig energiereiche Produkte, deshalb ist der Energiegewinn bei der Gärung wesentlich geringer als bei der gesamten aeroben Oxidation von Glucose.

$$C_6H_{12}O_6 + 6\,O_2 \longrightarrow 6\,CO_2 + 6\,H_2O; \quad \Delta H = -3090\,kJ$$

***Aufgaben:***

*291.* Warum ist Nahrungsaufnahme lebensnotwendig?

*292.* Was sind die Hauptbestandteile der menschlichen Ernährung?

*293.* Was versteht man unter dem Begriff Verdauung?

*294.* Was ist ein aerober Abbau?

*295.* Welche Ausscheidungsprodukte entstehen beim Proteinabbau im menschlichen Körper?

*296.* Bei der vollständigen Oxidation von 1 g Glucose wird eine Energiemenge von 17,2 kJ freigesetzt. Warum werden die Körperzellen durch diese hohe Energiemenge nicht zerstört?

*297.* Was versteht man unter einem anaeroben Abbau?

*298.* Man sagt, „Muskelkater" sei auf eine Ansammlung von Milchsäure im Muskel zurückzuführen. Wie ist dies zu erklären?

*299.* Was versteht man unter alkoholischer Gärung?

# 15. Aromatische Verbindungen

Das Benzol mit der Summenformel $C_6H_6$ ist der Grundkohlenwasserstoff der aromatischen Verbindungen. Die Bezeichnung „aromatisch" ist historisch zu verstehen. Ursprünglich faßte man eine Reihe von organischen Verbindungen mit „aromatischem" Geruch unter dieser Bezeichnung zusammen. Wie sich später zeigte, ließen sich viele dieser Substanzen vom Benzol ableiten. „Aromatische Verbindungen" (oder „Aromaten") benützt man heute als Sammelname für alle Verbindungen, die sich ihrem Bindungscharakter nach vom Benzol ableiten lassen, dabei ist unwesentlich, ob diese Substanzen einen aromatischen Geruch besitzen oder nicht. Das Benzol wurde schon 1825 entdeckt. MICHAEL FARADAY fand es, als er versuchte, Leuchtgas durch Druck zu verflüssigen. Obwohl die Summenformel $C_6H_6$ sehr bald ermittelt wurde, konnte zunächst lange Zeit keine Strukturformel angegeben werden. Erst 1865 erkannte AUGUST KEKULÉ VON STRADONITZ, daß im Benzol sechs Kohlenstoffatome ringförmig miteinander verbunden sind. Er nahm an, daß dabei Einfachbindungen und Doppelbindungen in diesem Ringsystem miteinander abwechseln, wobei ein ständiger Platzwechsel zwischen den Einfach- und Doppelbindungen stattfindet.

Obwohl in der KEKULÉ-Formel jeweils drei Doppelbindungen auftreten, versagen die Nachweisreaktionen für ungesättigte Verbindungen. So regiert Benzol z. B. mit Bromwasser bei gewöhnlichen Bedingungen nicht. Bei Zimmertemperatur erfolgt keine Addition von Brom, wie dies bei Ethen oder anderen kettenförmigen Kohlenwasserstoffen mit Doppelbindungen ohne weiteres geschieht. Benzol verhält sich nicht typisch wie ein ungesättigter Kohlenwasserstoff. Erst bei erhöhter Aktivierungsenergie sind Additionsreaktionen möglich. Hydriert man Benzol vollständig, so erhält man Cyclohexan. Dies ist ein wichtiger Hinweis auf die Ringstruktur des Benzols.

**Substitutionsreaktionen,** ähnlich wie sie an gesättigten Kohlenwasserstoffen ablaufen, sind auch beim Benzol möglich. So gelingt die Bromierung des Benzols unter Mithilfe eines Katalysators schon bei Zimmertemperatur.

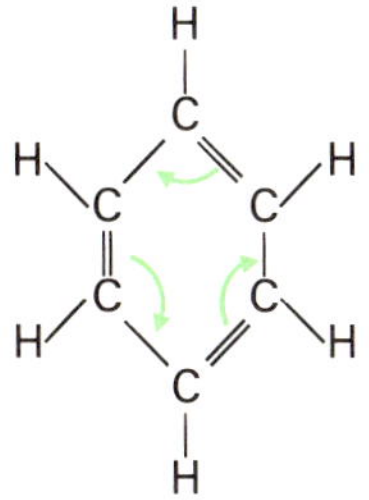

Nach KEKULÉ haben die Doppelbindungen im Benzol keinen festen Platz.

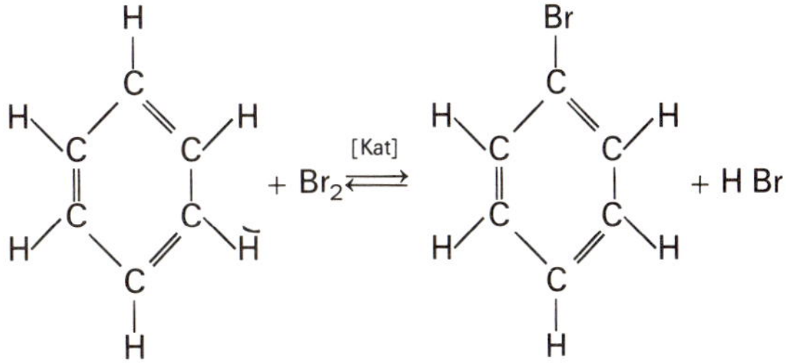


Benzol Monobrombenzol

Substitutionsreaktion am Benzol

# 15. Aromatische Verbindungen

Diese Befunde weisen darauf hin, daß die Doppelbindungen, so wie sie in der KEKULÉ-Formel dargestellt sind, nicht vorhanden sein können.
Heute weiß man, daß der wirkliche Bindungszustand des Benzols genau zwischen zwei sogenannten **Grenzstrukturen** liegt. Man bezeichnet dies als **Mesomerie**. Ein Doppelpfeil (*Mesomeriepfeil*) zeigt an, daß zwischen den Grenzstrukturen Mesomerie besteht.

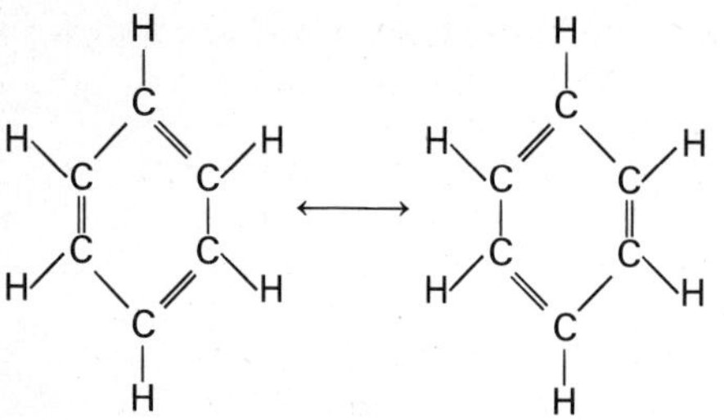

Mesomerie beim Benzol

Der wirkliche Bindungszustand ist wesentlich stabiler (energieärmer) als die beiden Grenzformeln. Das Benzolmolekül ist, im Gegensatz zum Cyclohexan, völlig eben (*planar*) gebaut. Im Benzol sind die sechs Kohlenstoffatome durch sechs Einfachbindungen miteinander verknüpft. Ebenso sind die sechs Wasserstoffatome mit Einfachbindungen an je ein Kohlenstoffatom gebunden. Für diese 2 × 6 Einfachbindungen werden 12 Elektronenpaare, das sind 24 Elektronen, benötigt. Im Benzol sind aber 30 Bindungselektronen vorhanden. Die restlichen 6 Elektronen bilden nun keine Doppelbindungen aus, sondern sie verteilen sich gleichmäßig über den Kohlenstoffring, ohne einem bestimmten Kohlenstoffatom direkt anzugehören.

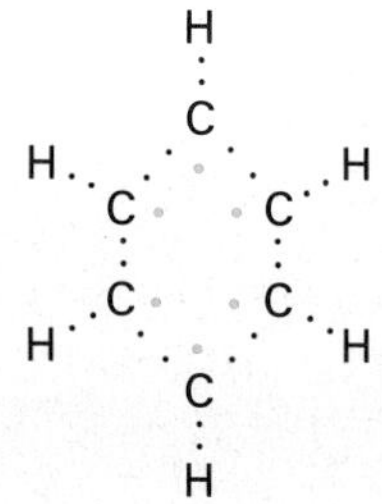

Die Bindung im Benzol wird von 12 Einfachbindungen (*12 Elektronenpaaren*) betätigt. 6 weitere Elektronen sind über das ganze Bindungssystem verteilt.

Daß im Benzolmolekül keine **lokalisierten** Doppelbindungen vorliegen, zeigt sich auch in den Bindungsabständen zwischen den einzelnen Kohlenstoffatomen. Diese sind untereinander alle gleich groß. Würden drei Doppelbindungen und drei Einfachbindungen vorliegen, so müßten in diesem „Cyclohexatrien" unterschiedliche Bindungsabstände gemessen werden können.

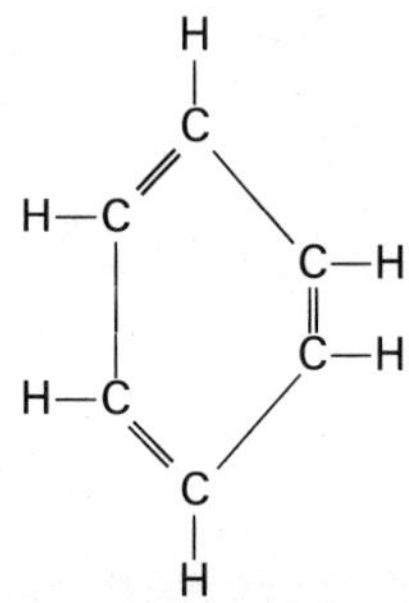

Wäre Benzol ein Cyclohexatrien, dann wären die Bindungsabstände zwischen den Kohlenstoffatomen unterschiedlich groß.

# 15.1. Wichtige aromatische Verbindungen

Die besonderen Bindungsverhältnisse im Benzol nennt man den **aromatischen Bindungszustand**. Alle Verbindungen, in denen Bindungselektronen ähnlich wie im Benzol **delokalisiert** sind, bezeichnet man deshalb als **aromatische Verbindungen** oder kurz **Aromaten**. Um die besonderen Verhältnisse im Aromaten zu symbolisieren, verwendet man heute häufig eine besondere Molekülschreibweise: Man zeichnet das delokalisierte Elektronensextett als Kreis in das Sechseck der ringförmig gebundenen Kohlenstoffatome ein.

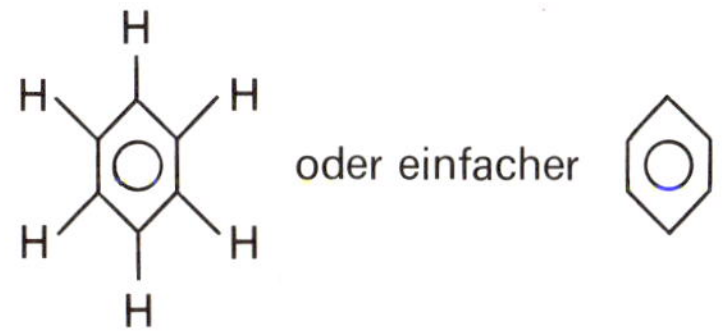


Moderne Schreibweisen für Aromaten (hier Benzol)

Daneben ist aber die Kekulé-Schreibweise noch weit verbreitet, denn die Möglichkeit einer Verwechslung ist nicht gegeben. Cyclohexatrien existiert nicht wirklich.

## 15.1. Wichtige aromatische Verbindungen

Viele aromatische Verbindungen sind Bestandteil des Steinkohlenteers. „Teer" ist deshalb ein wichtiger Rohstoff für die organische Chemie.

**Benzol** $C_6H_6$ ist eine farblose, stark lichtbrechende Flüssigkeit mit einem Siedepunkt von 80,12° C. Es verbrennt mit stark rußender Flamme. Benzol ist ein wichtiges organisches Lösungsmittel. Es ist sehr giftig (Blutgift), außerdem vermutet man, daß es, wie viele andere Aromaten auch, carcinogen (*krebsbildend*) ist.

**Toluol** $C_6H_5CH_3$. Durch Substitution eines Wasserstoffatoms im Benzol durch einen Methylrest erhält man Toluol (*Monomethylbenzol*). Es wird heute häufig als organisches Lösungsmittel an Stelle des Benzols verwendet, weil es deutlich weniger giftig ist. Durch Reaktion am Alkylrest kann Toluol über den Benzylalkohol und den Benzaldehyd zur Benzoesäure oxidiert werden.

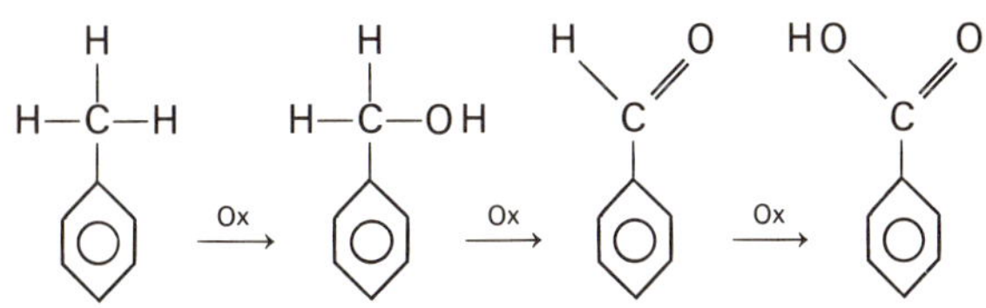


Toluol läßt sich am Alkylrest oxidieren

**Phenol** $C_6H_5OH$. Es entsteht durch Substitution eines Wasserstoffatoms am Benzol durch eine Hydroxylgruppe (*Monohydroxybenzol*). Formal könnte

# 15. Aromatische Verbindungen

man es mit einem Alkohol vergleichen. Es zeigt aber ein von Alkoholen abweichendes chemisches Verhalten. Im Unterschied zu einer wässerigen Alkohollösung reagiert eine wässerige Phenollösung sauer. Die Säurestärke des Phenols ist allerdings recht schwach ausgeprägt.

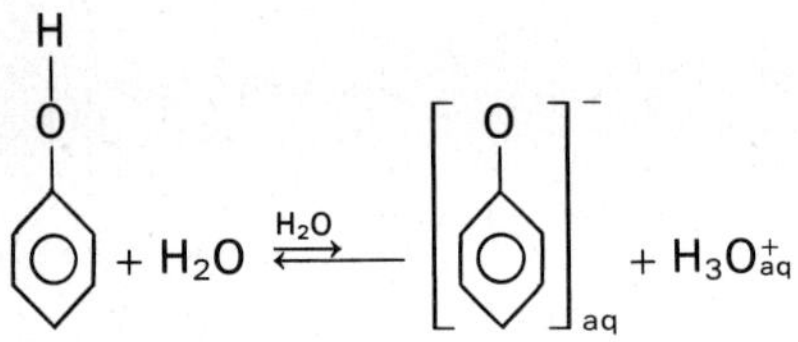


Phenol ist eine schwache Säure

Die Hydroxylgruppe am Benzolring erleichtert weitere Substitutionen. So reagiert Bromwasser sofort mit Phenol. Dabei entsteht 2,4,6-Tribromphenol, das als Niederschlag ausfällt. Ähnlich wie bei den Alkanen wird auch hier die Stellung der Substituenten durch Ziffern gekennzeichnet. Beim Phenol erhält das Kohlenstoffatom mit der OH-Gruppe die Nummer 1.

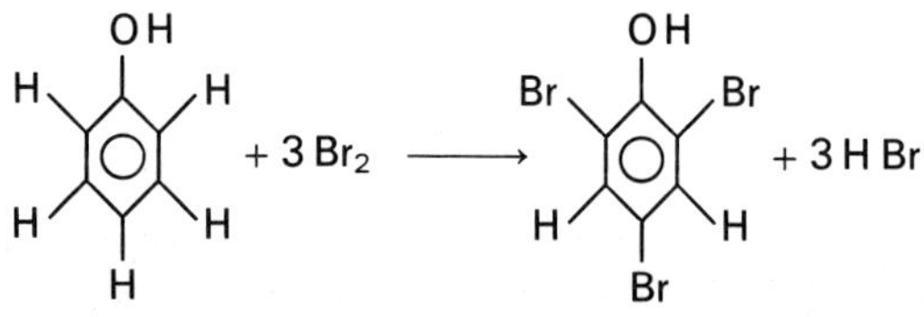


Bildung von 2,4,6-Tribromphenol

Eine ältere, aber immer noch gebräuchliche Methode, die Stellung zweier Substituenten am Benzolring anzugeben, erfolgt mit den Präfixen ortho-, meta- und para- (abgekürzt: o-, m-, p-). Sind zwei Substituenten am Benzolring direkt benachbart, so stehen diese in Orthostellung. Befindet sich ein Kohlenstoffatom des Benzolringes dazwischen, so stehen die beiden Substituenten zueinander in Metastellung und stehen sie sich im Benzolring genau gegenüber, dann spricht man von Parastellung. Als Beispiel seien hier die drei möglichen Dihydroxybenzole genannt.

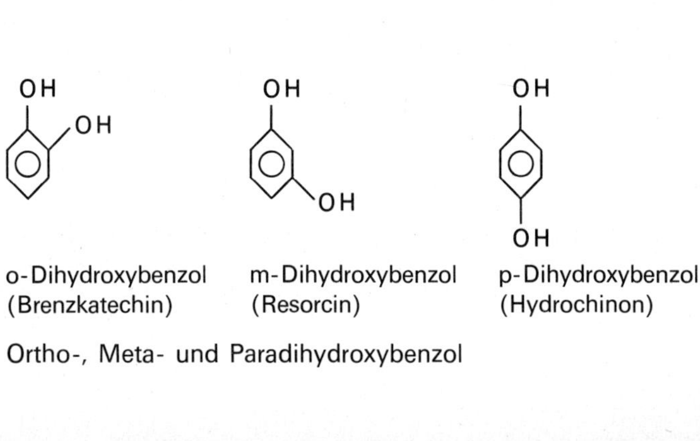


o-Dihydroxybenzol (Brenzkatechin) | m-Dihydroxybenzol (Resorcin) | p-Dihydroxybenzol (Hydrochinon)

Ortho-, Meta- und Paradihydroxybenzol

# 15.1. Wichtige aromatische Verbindungen

Phenol ist allgemein ein wichtiges Zwischenprodukt in der Kunststoff-, Farbstoff- und Arzneimittelindustrie. Als „Carbolsäure" wird es auch heute noch zur Desinfektion von Krankenzimmern verwendet.

**Anilin** Wird ein Wasserstoffatom am Benzol durch die Aminogruppe $NH_2$ ersetzt, so erhält man Monoaminobenzol (*Anilin*). Da man den $C_6H_5$-Rest als Phenylrest bezeichnet, wird es auch Phenylamin genannt. Anilin ist eine farblose, in Wasser schwerlösliche giftige Flüssigkeit. Mit Säuren bildet es wasserlösliche Salze, wobei das freie Elektronenpaar am Stickstoff als Protonenakzeptor wirkt. Es reagiert mit vielen anderen organischen Verbindungen, dabei bilden sich häufig Farbstoffe (*Anilinfarben*). Als Grundlage für die Synthese von Farbstoffen hat deswegen Anilin eine große historische Bedeutung. Heute ist es außerdem ein wichtiger Ausgangsstoff für die Herstellung von Medikamenten und Kunstharzen (*Anilinharze*).

**Naphthalin** $C_{10}H_8$. Seine Strukturformel zeigt zwei „kondensierte" Benzolringe. Es ist eine in weißen Schüppchen kristallisierende Substanz, die bei 80° C schmilzt. Naphthalin kann langsam direkt aus dem festen Zustand verdampfen (es *sublimiert*). Früher hat man es vielfach als „Mottenpulver" oder in Form von „Mottenkugeln" benützt.

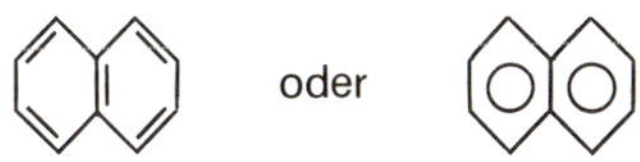


Verschiedene Schreibweisen für Naphthalin

**Benzpyren** $C_{20}H_{12}$ besteht aus 5 kondensierten Benzolringen. Es gilt als besonders krebserzeugend. Es kommt im Steinkohlenteer, aber auch im Zigarettenrauch und in Autoabgasen vor.

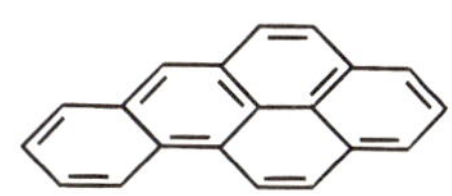

Benzpyren gilt als besonders carcinogen

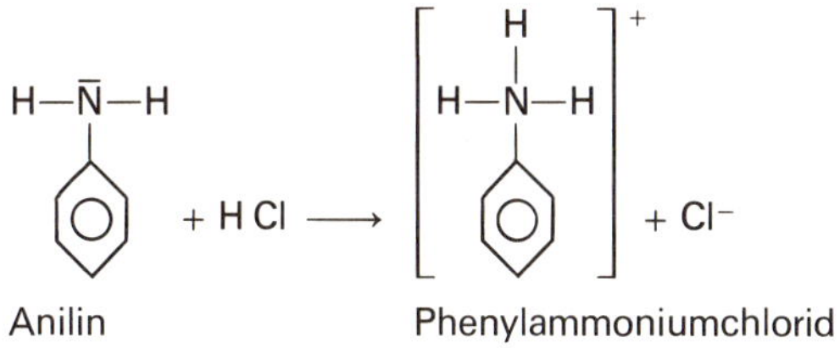


Anilin bildet mit Säuren Salze

# Aufgaben

***Aufgaben:***

*300.* In welchem Zahlenverhältnis sind Kohlenstoff und Wasserstoff im Benzol enthalten?
*301.* Was sind Aromaten?
*302.* Was versteht man unter der KEKULÉ-Formel?
*303.* Erklären Sie den Ausdruck Mesomerie am Beispiel des Benzols.
*304.* Formell könnte man Benzol als Cyclohexatrien auffassen, was spricht dagegen?
*305.* Wie stellt man sich heute den Bindungszustand im Benzol vor? Strukturformel?
*306.* Überlegen Sie, warum Benzol an der Luft mit stark rußender Flamme verbrennt.
*307.* Welche Verbindungen entstehen bei der vorsichtigen Oxidation von Toluol?
*308.* Wie reagiert Phenol mit Wasser?
*309.* Welchen chemischen Einfluß übt die Hydroxylgruppe im Phenol aus?
*310.* Was ist Carbolsäure?
*311.* Wie reagiert Anilin mit Salzsäure?
*312.* Geben Sie zwei gebräuchliche Strukturformeln für Naphthalin an.
*313.* Was sind carcinogene Stoffe?
*314.* Warum nimmt man an, daß Zigarettenrauchen die Bildung von Lungenkrebs fördert?
*315.* Geben Sie die Strukturformeln für 1,2-Dihydroxybenzol, 1,3-Dihydroxybenzol und 1,4-Dihydroxybenzol an.

# 16. Kunststoffe

# 16.1. Polymerisationskunststoffe

Kunststoffe sind Werkstoffe aus der „Retorte". Es handelt sich dabei um makromolekulare chemische Verbindungen, bei denen Molekularmassen von 200 000 u und mehr keine Seltenheit sind. Kunststoffe können **halbsynthetisch** durch chemische Umwandlung makromolekularer Naturprodukte gewonnen werden, oder sie werden **vollsynthetisch** aus niedermolekularen Bausteinen hergestellt. Die niedermolekularen Bausteine nennt man **Monomere**, die daraus entstandenen Makromoleküle bezeichnet man als **Polymere**. Beispiele für umgewandelte Naturprodukte sind Viscose-Seide (Reyon) oder Kupferseide-Glanzstoff. In beiden Fällen handelt es sich um Naturcellulose, die mit Spezialchemikalien (z. B. Schweizers Reagenz) gelöst wird, damit sie durch feine Düsen in ein Fällbad gepreßt werden kann. Im Fällbad entstehen auf diese Weise Cellulosefäden, die anschließend versponnen werden können.

Vollsynthetische Kunststoffe teilt man je nach dem Typ der Verknüpfungsreaktion ihrer Monomeren ein in **Polymerisate, Polykondensate** und **Polyaddukte.** Die zugrundeliegenden Verknüpfungsreaktionen sind also **Polymerisation, Polykondensation** und **Polyaddition.**

## 16.1. Polymerisationskunststoffe

Moleküle mit ungesättigten Bindungen besitzen die Fähigkeit zur Polymerisation (siehe auch Seite 22). Die meisten Monomeren von Polymerisaten besitzen nur eine Doppelbindung zwischen zwei Kohlenstoffatomen und lassen sich damit auf das Ethen zurückführen. Monochlorethen (*Vinylchlorid: VC*) ist das Monomere für PVC (*Polyvinylchlorid*). Am Beispiel der PVC-Bildung soll ein wichtiger Polymerisationsmechanismus, nämlich der **Radikalkettenmechanismus**, erläutert werden. Um die VC-Moleküle zur Reaktion anzuregen, muß zunächst ein Aktivator („Starter") zugegeben werden. Dieser Starter besteht aus labilen Molekülen, die schon bei geringer Energiezufuhr in zwei Bruchstücke zerfallen, von denen jedes ein freies, ungepaartes Elektron besitzt. Man nennt solche Teilchen **Radikale**.

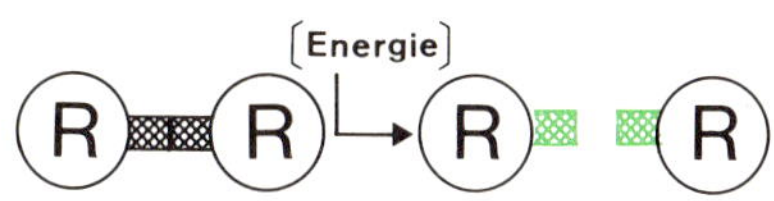


*Abb. 30*
*Modell der Aufspaltung eines Starters in Radikale*

Radikale sind sehr aggressiv, sie benötigen für ihr Einzelelektron ein weiteres Elektron, damit ein Elektronenpaar entsteht. Radikale greifen daher die Doppelbindungen der Monomeren an und entreißen diesen ein Elektron. Damit kann nun zwar das Radikal eine Elektronenpaarbindung eingehen, aber es entsteht gleichzeitig ein neues Radikal.

# 16. Kunststoffe

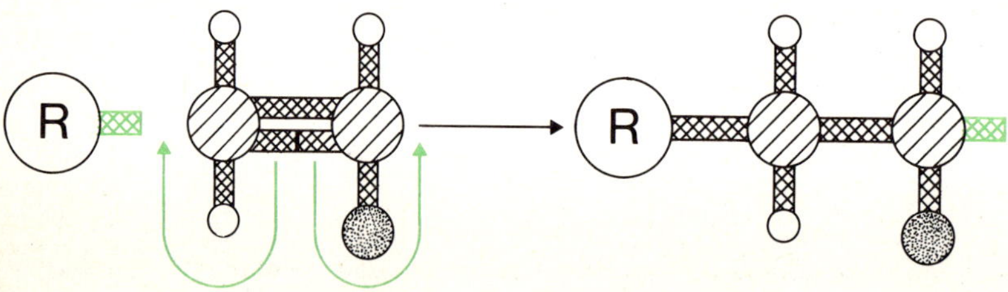


*Abb. 31*
*Ein Radikal greift eine Doppelbindung an, dabei entsteht ein neues Radikal*

Dieses neuentstandene Radikal greift nun wieder die Doppelbindung eines anderen Monomeren an. Auf diese Weise entstehen immer längerkettige Radikale. Ergebnis dieses Kettenwachstums sind langgestreckte, fadenförmige Makromoleküle.

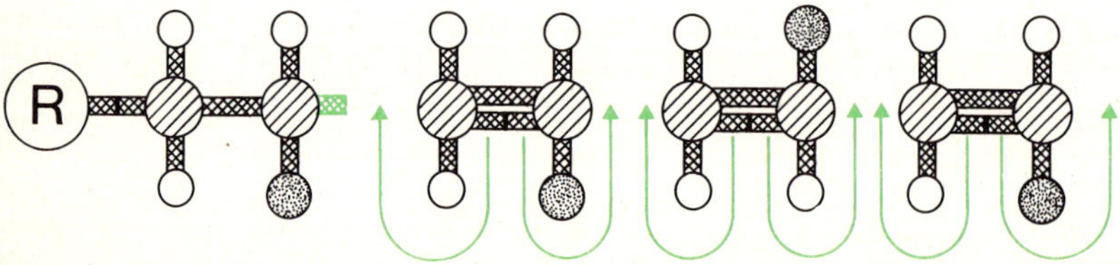


*Abb. 32*
*Kettenwachstum bei der Polymerisation*

# 16.1. Polymerisationskunststoffe

Der Polymerisationsvorgang wird beendet, wenn zwei Radikale aufeinandertreffen und sich gegenseitig absättigen.

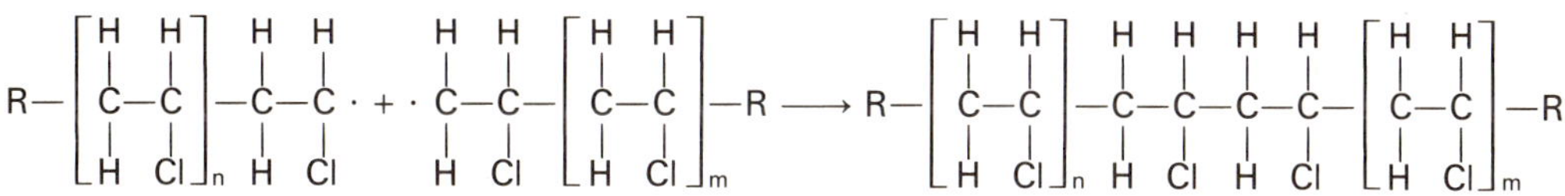

Abbruch der Polymerisation

Die durchschnittliche Kettenlänge der sich bildenden Makromoleküle kann durch entsprechende Dosierung des Aktivators gesteuert werden. Viel Aktivatorzugabe hat viele, gleichzeitig wachsende Ketten zur Folge. Es entstehen kürzere Ketten, weil die Abbruchreaktion viel häufiger eintritt. Bei wenig Aktivatorzugabe bilden sich nur wenig gleichzeitig wachsende Ketten. Abbruchreaktionen sind weniger häufig, weil Radikale viel seltener direkt aufeinandertreffen. Es bilden sich lange Ketten. Auf diese Weise können die Eigenschaften eines Kunststoffes wie z. B. Härte, Biegsamkeit, Schmelzbereich usw. schon bei der Herstellung gesteuert werden. Die charakteristischen Merkmale eines Kunststoffes hängen entscheidend von der Größe seiner Makromoleküle ab.
Polymerisate, die aus Ethenabkömmlingen entstanden sind, setzen sich aus mehr oder weniger langen Kettenmolekülen zusammen. Deshalb haben sie auch keinen Schmelzpunkt, sondern nur einen Schmelzbereich. Beim Erhitzen werden diese Kunststoffe allmählich weich, bis sie sich verformen lassen. Beim Abkühlen verfestigt sich der Kunststoff allmählich wieder. Man nennt Produkte dieser Art **Thermoplaste**, weil sie unter dem Einfluß von Wärme verformt werden können.
Ein technisch und wirtschaftlich wichtiges Monomeres ist Butadien $H_2C=CH-CH=CH_2$. Es ist die Grundlage für Synthesekautschuk. Früher wurde die Polymerisation dieses Diens mit Natrium ausgelöst, deshalb nannte man das Reaktionsprodukt Buna.
Polymerisationen müssen nicht immer mit einheitlichen Monomeren durchgeführt werden. Werden zwei oder mehr verschiedene Monomere eingesezt, so spricht man von **Misch-** oder **Copolymerisation**. Durch gezielte Mischungsverhältnisse der unterschiedlichen Monomeren lassen sich die Eigenschaften des entstehenden Kunststoffes in weiten Grenzen steuern. So wird heute Butadien zusammen mit 25% Styrol polymerisiert. Das Ergebnis ist Buna S, ein in seinen Eigenschaften verbesserter Synthesekautschuk (Autoreifen!).

# 16. Kunststoffe

## Wichtige Polymerisationskunststoffe

| Kurzbezeichnung<br>Name<br>Handelsnamen | Monomere | Polymere | Verwendung |
|---|---|---|---|
| PE<br>Polyethen<br>Hostalen,<br>Lupolen | 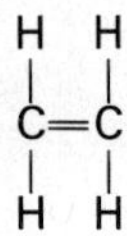 | 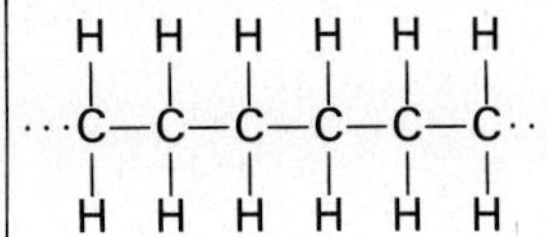 | Plastiktüten,<br>Folien,<br>Schutzhelme,<br>Kabelisolierungen,<br>Haushaltsgeräte |
| PVC<br>Polyvinylchlorid<br>Hostalit,<br>Vinoflex | 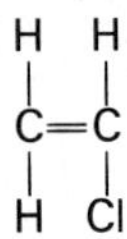 | 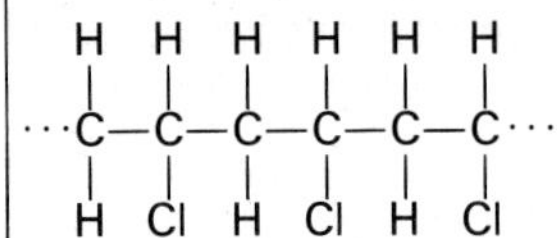 | Rohre,<br>Bodenplatten,<br>Schläuche,<br>Borsten,<br>Apparategehäuse |
| PTFE<br>Polytetrafluorethen<br>Teflon<br>Hostaflon | 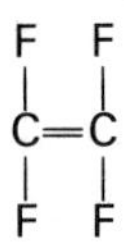 | 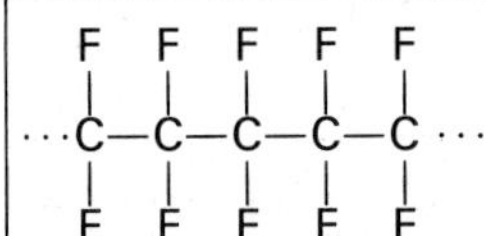 | Hitzeschild bei Raumfahrzeugen,<br>Beschichtung von Bratpfannen |
| PS<br>Polystyrol<br>Styroflex,<br>Styropor | 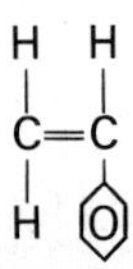 | 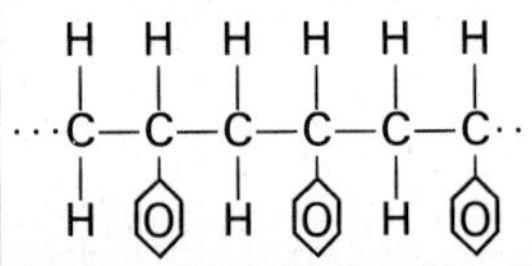 | Haushaltsgeräte,<br>Joghurtbecher,<br>Verpackungen, |
| PAN<br>Polyacrylnitril<br>Dralon,<br>Orlon | 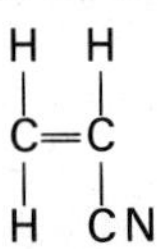 | 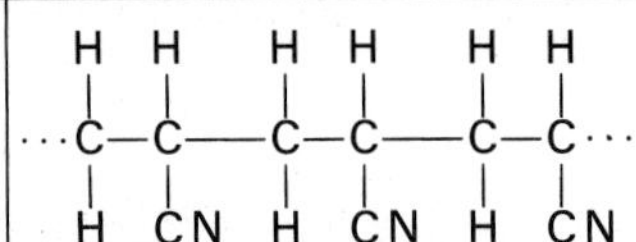 | Textilfasern,<br>Taue,<br>Transportbänder |
| Buna S | Butadien und Styrol | Mischpolymerisat | Autoreifen,<br>Gummibauteile |

# 16.2. Polykondensationskunststoffe

## 16.2. Polykondensationskunststoffe

Bei einer Polykondensation vereinigen sich viele Monomere zu Makromolekülen, wobei bei jedem Reaktionsschritt ein einfaches Nebenprodukt abgespalten wird. Häufig ist es Wasser, es können sich aber auch andere Moleküle wie z. B. Ammoniak, Chlorwasserstoff oder Alkohol abscheiden. Damit eine Polykondensation möglich ist, muß jedes Monomere mindestens bifunktionell sein, d.h. es muß mindestens zwei funktionelle Gruppen tragen. Meistens reagieren verschiedenartige Moleküle zu einem Polykondensat. Sind beide Monomere bifunktionell, so bilden sich lange Fadenmoleküle.

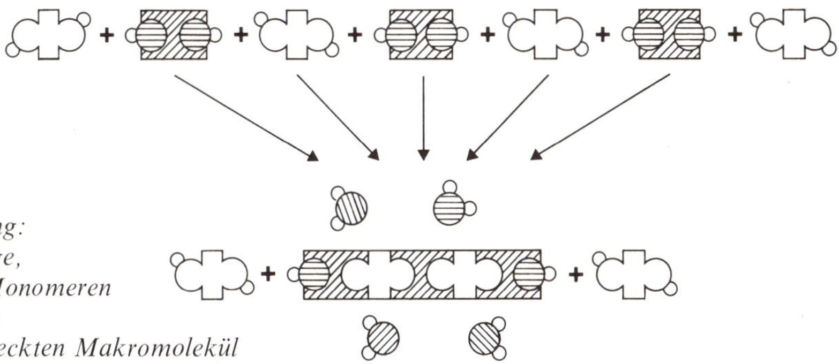

*Abb. 33*
*Modellvorstellung: Verschiedenartige, bifunktionelle Monomeren kondensieren zu einem langgestreckten Makromolekül*

Ein charakteristisches Beispiel für die Polykondensation zweier unterschiedlicher Monomerer ist die Bildung von Nylon. Dabei vereinigen sich Adipinsäure und Hexamethylendiamin zu langen Polyamidfäden, die ineinander verknäuelt sind.

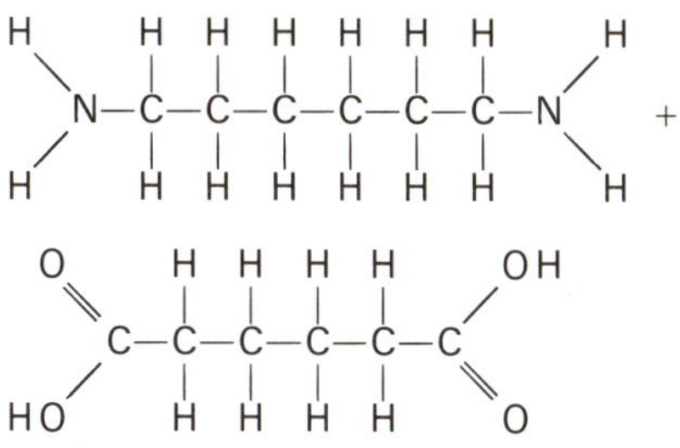

Hexamethylendiamin und Adipinsäure sind die bifunktionellen Monomeren zur Nylonbildung

Die Reaktion der Carboxylgruppen der Adipinsäure mit den Aminogruppen des Hexamethylendiamin ist ähnlich wie die Verknüpfung der Aminosäuren in den Eiweißstoffen. In beiden Fällen tritt die charakteristische Peptidbindung

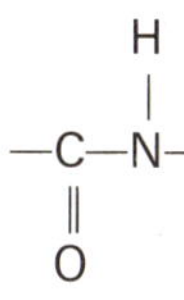

auf.

# 16. Kunststoffe

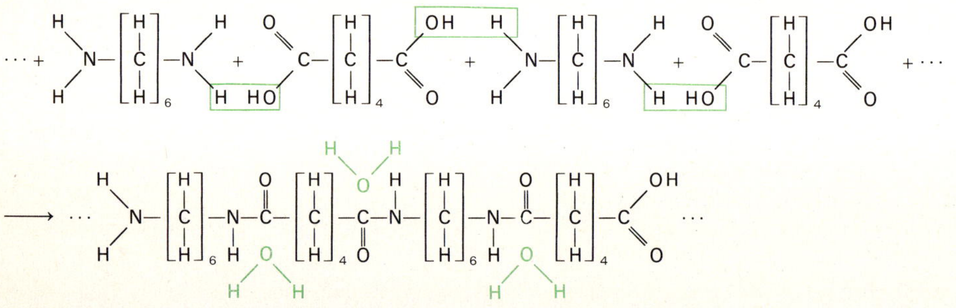

Nylonbildung ist eine Polykondensation

Nylon ist ein Thermoplast. Um Textilfasern zu erhalten, wird es in geschmolzenem Zustand durch feine Düsen gepreßt. In den erstarrten Fäden sind die einzelnen langkettigen Makromoleküle ineinander verknäuelt. Übt man auf einen solchen Nylonfaden einen Zug in Längsrichtung aus, so werden die langkettigen Makromoleküle parallel zur Fadenachse ausgerichtet. Der Faden wird dadurch deutlich länger und vor allem auch dünner, denn die Fadenmoleküle lagern sich enger aneinander. Dabei können sich zwischen den Sauerstoffatomen aus der Peptidbindung eines Nylonmoleküls und den Wasserstoffatomen aus der Peptidbindung benachbarter Nylonmoleküle Wasserstoffbrückenbindungen ausbilden. Aus diesem Grund behält der so **verstreckte** Faden seine Form. Wegen der Wasserstoffbrückenbindungen wird der Faden außerdem erheblich reißfester. Man nennt diesen Vorgang **Recken** oder **Verstrecken**.

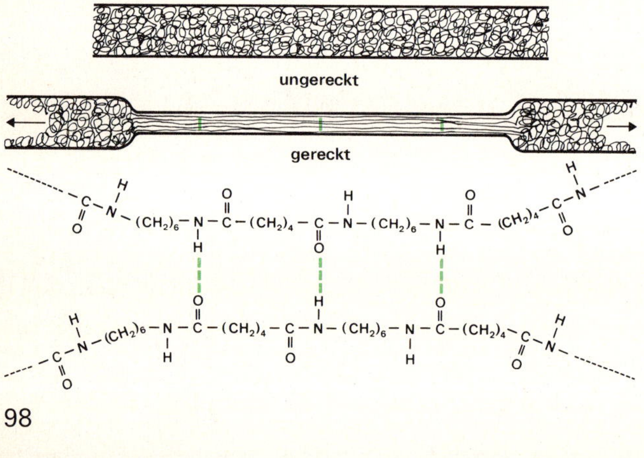


*Abb. 34*
*Beim Recken einer Polyamidfaser bilden sich Wasserstoffbrücken*

# 16. Kunststoffe

Ist bei einer Polykondensation wenigstens ein Monomeres trifunktionell oder mehrfunktionell, so ergeben sich räumlich vernetzte Makromoleküle. Eng vernetzte Kunststoffe sind hart und spröde, unlöslich und nicht schmelzbar. Produkte dieser Art nennt man **Duroplaste**.

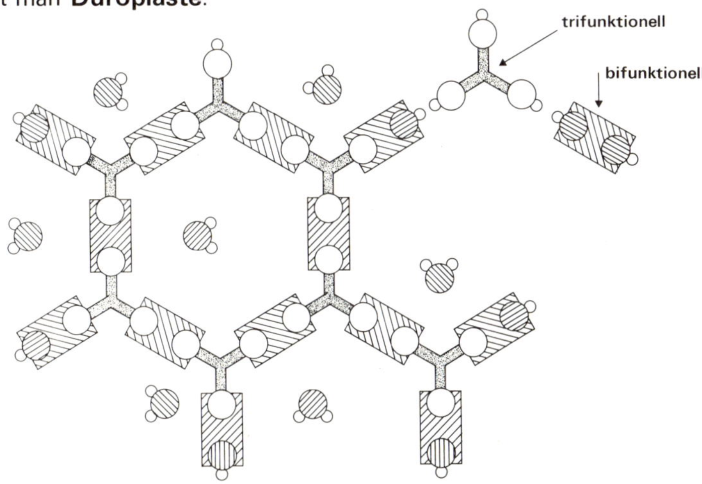


*Abb. 35*
*Schon ein trifunktionelles Monomeres führt zur Vernetzung*

Ein klassisches Beispiel für einen Durplasten ist das Polykondensationsprodukt aus Phenol (*Monohydroxybenzol*) und Formaldehyd (*Methanal*). Es bildet die Grundlage für Bakelit, einen der ersten technisch genutzten Kunststoffe. Phenol ist hier trifunktionell, denn an den Positionen 2, 4 und 6 kann der Wasserstoff substituiert werden.

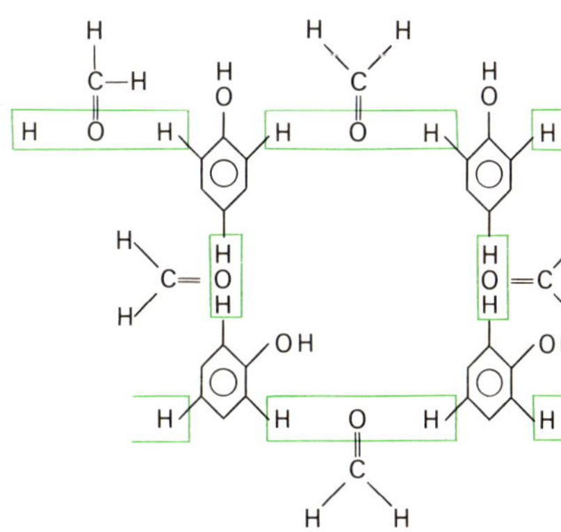

Phenol und Formaldehyd geben ein vernetztes Polykondensat

# 16. Kunststoffe

**Wichtige Polykondensationskunststoffe**

| **Name**<br>**Handelsnamen** | **Monomere** | **Verknüpfung** | **Verwendung** |
|---|---|---|---|
| Polyamide<br>Nylon, Perlon | Dicarbonsäuren,<br>Diamine | unverzweigte<br>Ketten | Textilfasern,<br>Seile, Borsten |
| Phenoplaste<br>Bakelit, Resinol | Hydroxybenzole,<br>Formaldehyd | Vernetzung | Gerätegehäuse,<br>Preßmassen,<br>Lichtschalter,<br>Steckdosen, |
| Aminoplaste<br>Kaurit, Ultrapas,<br>Anilinharz | Harnstoff oder<br>Anilin,<br>Formaldehyd | Vernetzung | Knöpfe,<br>Camping-<br>geschirr |
| Lineare Polyester<br>Diolen, Trevira,<br>Dacron, Terylene, | Dicarbonsäuren,<br>Dialkohole | unverzweigte<br>Ketten | Textilfasern,<br>Folien, |
| Vernetze Polyester<br>(Alkydharze)<br>Palatal, Leguval | Dicarbonsäuren,<br>Polyalkohole | Vernetzung | Gußharze,<br>glasfaserver-<br>stärkte Bau-<br>teile (Boote) |

# 16.3. Polyadditionskunststoffe

**16.3. Polyadditionskunststoffe**

Für eine Polyaddition sind wie bei der Polykondensation Monomere mit zwei oder mehreren funktionellen Gruppen nötig. Die Bildung von Makromolekülen erfolgt hier jedoch **ohne** Abspaltung eines Nebenprodukts. Typisch für Polyadditionen ist, daß bei jeder Verknüpfung ein Platzwechsel von Wasserstoffatomen erfolgt. Sind die Monomeren bifunktionell, so entstehen auch hier lange Fadenmoleküle.

*Abb. 36*
*Polyaddition mit bifunktionellen Monomeren*

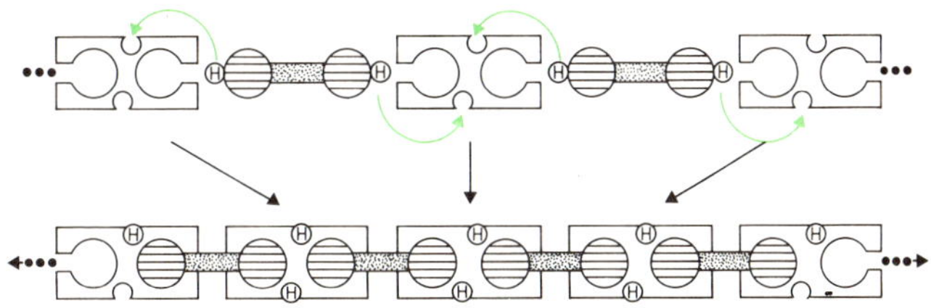

Bei tri- oder mehrfunktionellen Monomeren ergeben sich auch hier stark räumlich vernetzte Makromoleküle. Polyaddukte dieser Art sind erwartungsgemäß Duroplaste.

*Abb. 37*
*Mehrfunktionelle Monomere ergeben vernetzte Polyaddukte*

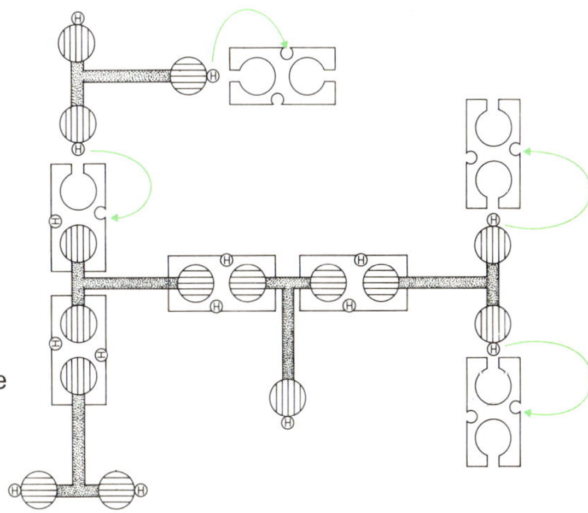

Wichtige Polyadditionskunststoffe sind die Polyurethane. Sie entstehen durch Additionsreaktionen zwischen Di- oder Polyisocyanaten und Di- oder Polyalkoholen.

$$\cdots - R' - OH + \underline{O} = C = \overline{N} - R - \overline{N} = C = \underline{O} + HO - R' - OH + \underline{O} = C = \overline{N} - R - \overline{N} = C = \underline{O} + HO - R'$$

$$\longrightarrow \cdots - R' - O - \underset{\underset{O}{\|}}{C} - \overset{\overset{H}{|}}{N} - R - \overset{\overset{H}{|}}{N} - \underset{\underset{O}{\|}}{C} - O - R' - O - \underset{\underset{O}{\|}}{C} - \overset{\overset{H}{|}}{N} - R - \overset{\overset{H}{|}}{N} - \underset{\underset{O}{\|}}{C} - O - R' - \cdots$$

Bildung von Polyurethanketten aus Diisocyanatmolekülen und Dialkoholmolekülen

# 16. Kunststoffe

Um räumlich vernetzte Polyurethane zu erhalten, verwendet man an Stelle der Dialkohole Alkohole mit mehreren Hydroxylgruppen (Polyalkohole). Solche Polyurethane finden vielfach als Schaumstoffe (*Moltopren*) Verwendung. Um den Kunststoff während des Polyadditionsvorganges aufzuschäumen, gibt man dem Reaktionsgemisch eine genau dosierte kleine Menge Wasser zu. Dieses Wasser reagiert mit einem Teil der Isocyanate, wobei Kohlendioxid freigesetzt wird, wodurch es zur Schaumbildung kommt.

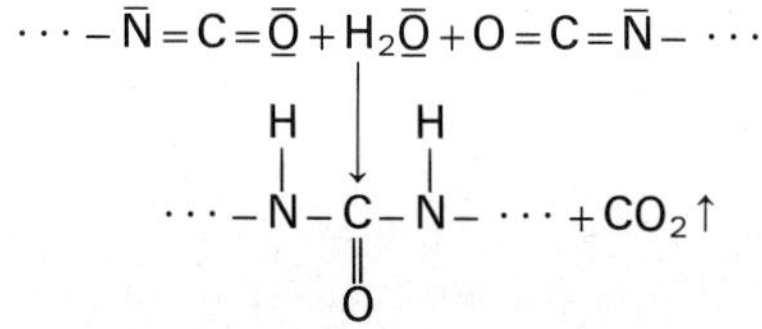

Isocyanate reagieren mit Wasser unter Freisetzung von $CO_2$.

***Aufgaben:***

*316.* Was sind Kunststoffe?
*317.* Was versteht man unter halbsynthetischen Kunststoffen?
*318.* Welche Haupttypen unterscheidet man bei vollsynthetischen Kunststoffen?
*319.* Welche Substanzen sind zur Polymerisation geeignet?
*320.* Beschreiben Sie einen Reaktionsmechanismus zur Polymerisation eines Ethenabkömmlings.
*321.* Enthalten die Ketten eines Polymerisates alle gleichviel Kohlenstoffatome? Begründen Sie ihre Aussage.
*322.* Was sind Thermoplaste?
*323.* Was versteht man unter einem Mischpolymerisat?
*324.* Was ist ein Polykondensat?
*325.* Welche Eigenschaften müssen die Ausgangsstoffe besitzen, damit eine Polykondensation möglich ist?
*326.* Wann entstehen räumlich vernetzte Makromoleküle?
*327.* Was ist ein Polyamid?
*328.* Welchen natürlichen Makromolekülen ähneln Polyamide in ihrem Aufbau?
*329.* Was versteht man unter Recken oder Verstrecken?
*330.* Was sind Duroplaste? Skizzieren Sie einen Formelausschnitt.
*331.* Was versteht man unter Polyaddition?
*332.* Geben Sie ein Reaktionsbeispiel für die Bildung eines Adduktes.
*333.* Wie erreicht man die Schaumbildung bei der Herstellung von Moltoprenen?

# 17. Lösungen zu den Übungsaufgaben

*1.* Die Aufteilung in anorganische und organische Chemie ist historisch bedingt. Früher glaubte man, daß es unmöglich sei, chemische Verbindungen aus dem Tier- und Pflanzenreich künstlich herzustellen. Heute versteht man unter „organischer Chemie" die Chemie der Kohlenstoffverbindungen. Sie ist das bei weitem umfangreichste Teilgebiet der Chemie. Bis heute kennt man über 4 Millionen verschiedene Kohlenstoffverbindungen. Die Chemie aller übrigen Elemente bezeichnet man als „anorganische Chemie". Bisher sind „nur" etwa 100 000 anorganische Verbindungen bekannt.

*2.* „Vis vitalis" bedeutet lateinisch soviel wie „Lebenskraft". Man nahm früher an, daß organische Verbindungen nur in lebenden Organismen unter dem Einfluß dieser geheimnisvollen Lebenskraft gebildet werden können. Den Ausdruck „vis vitalis" prägte der schwedische Chemiker JÖNS JAKOB BERZELIUS.

*3.* Die Vielzahl organischer Verbindungen ergibt sich aus der Fähigkeit der Kohlenstoffatome, sich untereinander und mit den Atomen anderer Elemente zu langen und verzweigten Ketten und zu Ringsystemen zu vereinigen.

*4.* Die häufigsten Bindungspartner des Kohlenstoffs sind neben weiterem Kohlenstoff vor allem die Elemente Wasserstoff, Sauerstoff, Stickstoff, Schwefel, Phosphor und Halogene.

*5.* Einfaches Kern-Hüllen-Modell des Kohlenstoffs:
Der Kern enthält 6 Protonen und 6 Neutronen. Die innere Elektronenschale ist mit 2 Elektronen voll besetzt. Auf der äußeren Schale befinden sich 4 Elektronen.

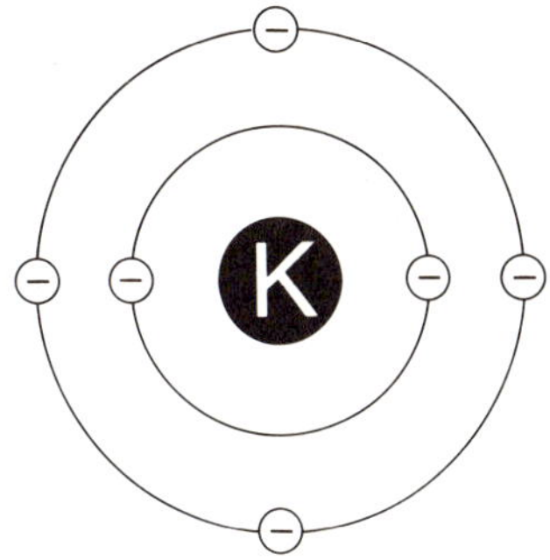


Einfaches Kern-Hüllen-Modell des Kohlenstoffs

*6.* Das Kohlenstoffatom hat auf seiner äußeren Schale 4 Elektronen. Zur Ausbildung eines stabilen Elektronenoktetts (Neonschale) fehlen noch 4 Elektronen. Durch Ausbildung von 4 Atombindungen (Elektronenpaarbindungen) wird diese stabile Achterschale erreicht.

*7.* Diamant und Graphit sind die zwei Modifikationen, in denen elementarer Kohlenstoff in der Natur vorkommt.

*8.* Im Diamant ist jedes Kohlenstoffatom von vier weiteren Kohlenstoffatomen, die in den Ecken eines regelmäßigen Tetraeders angeordnet sind, umgeben (Diamantgitter siehe Abb. 2). Jedes Kohlenstoffatom erreicht so ein stabiles Elektronenoktett. Diamant ist der härteste aller bekannten Stoffe.
Im Graphit ist jedes Kohlenstoffatom von drei weiteren Kohlenstoffatomen umgeben, dabei bilden sich Schichten, die aus bienenwabenähnlich verknüpften ebenen regelmäßigen Sechsecken bestehen. Jeweils drei der vier Bindungselektronen eines Kohlenstoffatoms bilden innerhalb einer Schicht Atombindungen zu den Nachbaratomen aus. Die jeweils vierten Valenzelektronen eines jeden Kohlenstoffatoms sind leicht verschieblich zwischen den „Bienenwabenschichten" angeordnet. Daraus erklärt sich die gute Leitfähigkeit

# 17. Lösungen zu den Übungsaufgaben

von Graphit für Wärme und den elektrischen Strom. Die einzelnen übereinanderliegenden „Bienenwabenschichten" gleiten leicht aufeinander. Graphit ist deshalb weich, er kann als „trockenes" Gleit- und Schmiermittel verwendet werden. (Graphitgitter siehe Abb. 3).

*9.* Diamant ist härter als Glas. Man kann deshalb Glas mit Diamant ritzen. Gute „Glasschneider" enthalten eine Diamantspitze.

*10.* Das „Graphitgitter" besteht aus übereinander angeordneten ebenen Schichten. Diese Schichten lassen sich sehr leicht gegeneinander verschieben. Wegen dieser aufeinandergleitenden Schichten eignet sich Graphit gut als Gleit- und Schmiermittel.

*11.* Alkane sind chemische Verbindungen aus Kohlenstoff und Wasserstoff, wobei jedes Atom mit einem Nachbaratom mit **einem** Elektronenpaar verbunden ist.

*12.* Unter gesättigten Kohlenwasserstoffen versteht man Verbindungen aus Kohlenstoff und Wasserstoff, in denen zwischen den Kohlenstoffatomen nur Einfachbindungen auftreten.

*13.* Methan hat die Summenformel $CH_4$. Die vier Wasserstoffatome sind so um das Kohlenstoffatom gruppiert, daß sie sich genau in den Ecken eines regelmäßigen Tetraeders befinden. Das Kohlenstoffatom befindet sich im Schwerpunkt (Zentrum) des Tetraeders. (siehe Abb. 4).

*14.* Butan hat die Summenformel $C_4H_{10}$. Im Butan sind 4 Tetraeder miteinander verknüpft. (Siehe Abb. 7).

*15.* Strichformeln sind vereinfachte Strukturformeln. Jeder „Strich" symbolisiert ein Elektronenpaar.

*16.* Eine homologe Reihe ist eine Aufeinanderfolge verwandter chemischer Verbindungen. Jedes Folgeglied hat lediglich eine $CH_2$-Gruppe mehr als das vorhergehende.

*17.* Pentan, Hexan und Heptan gehören zur homologen Reihe der Alkane (gesättigte Kohlenwasserstoffe), dies wird durch die Endung „-an" angezeigt. Die griechischen Zahlenwörter „pent", „hex" und „hept" geben die Anzahl der Kohlenstoffatome im jeweiligen Alkan an.

*18.* Die allgemeine Summenformel der Alkane lautet $C_nH_{2n+2}$.

*19.* Verzweigtkettige Alkane sind gesättigte Kohlenwasserstoffe, in denen manche Kohlenstoffatome mit 3 oder 4 weiteren Kohlenstoffatomen verbunden sind. Auf diese Weise bilden sich „Verzweigungen" in der Kette der untereinander verbundenen Kohlenstoffatome.

*20.* Unter Isomerie versteht man das Auftreten von Verbindungen, die zwar die gleiche Summenformel, aber unterschiedliche Struktur zeigen. Pentan hat die Summenformel $C_5H_{12}$. Es sind drei Isomere möglich:

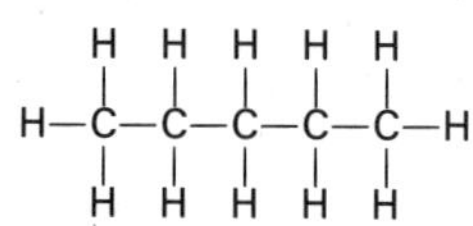

n-Pentan

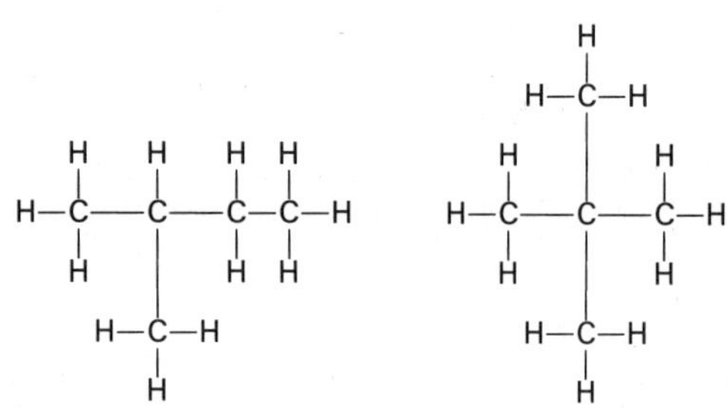

Isopentane

*21.* n-Alkane sind unverzweigte gesättigte Kohlenwasserstoffe. Die zugehörigen verzweigten Formen nennt man iso-Alkane.

# Lösungen

22. Die Zahl der möglichen Isomeren bei den Alkanen hängt jeweils von der Anzahl der miteinander verbundenen Kohlenstoffatome ab. Je höher die Anzahl der Kohlenstoffatome, desto höher ist die Anzahl der möglichen Isomeren.

23. Cycloalkane sind ringförmige, gesättigte Kohlenwasserstoffverbindungen.

24. Im Cyclohexan sind sechs $-CH_2$-Gruppen in einem Sechserring miteinander verbunden. Wie bei den kettenförmigen Alkanen sind auch hier mehrere Tetraeder miteinander verknüpft, so daß sich hier kein ebener Sechsring ergeben kann. Die Kohlenstoffatome können in „Sesselform", „Wannenform" und „Twistform" angeordnet sein (Siehe Abb. 8).

25. Die allgemeine Summenformel der Cycloalkane lautet $C_nH_{2n}$.

26. Radikale besitzen ein einzelnes ungepaartes Elektron. Radikale sind äußerst reaktionsfähig und können deshalb unter normalen Verhältnissen für sich allein nicht existieren.

27. Alkylradikale leiten sich von gesättigten Kohlenwasserstoffen ab, denen ein Wasserstoffatom fehlt. Beispiele dafür sind das Methylradikal $CH_3^{\bullet}$, das Ethylradikal $C_2H_5^{\bullet}$ und das Propylradikal $C_3H_7^{\bullet}$.

28. Alkylreste kann man sich als Alkylradikale vorstellen, die eine Verbindung eingegangen sind. Die Seitenketten bei verzweigten gesättigten Kohlenwasserstoffen bestehen aus Alkylresten.

29. Die Strichformel für n-Heptan lautet:

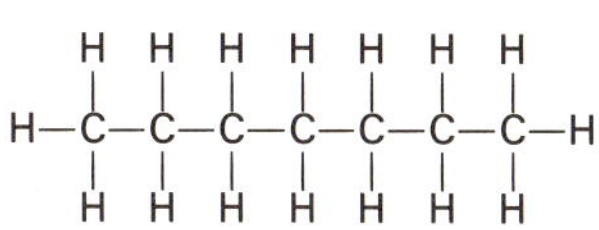

30. Die Strichformel für 2,2,4 Trimethylpentan lautet:

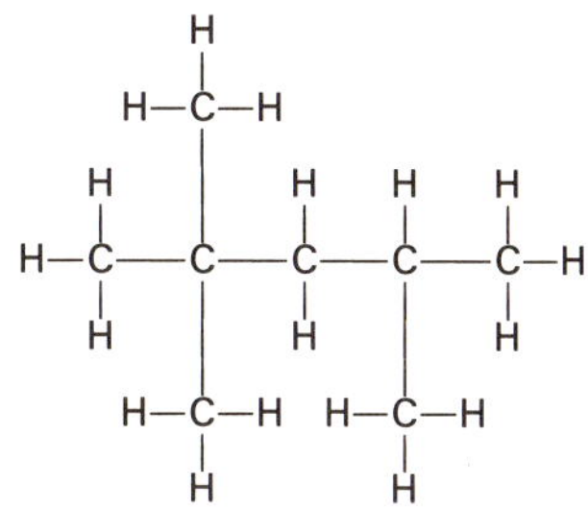

31. Die Strichformel für 4-Ethyl-2-Methyloctan lautet:

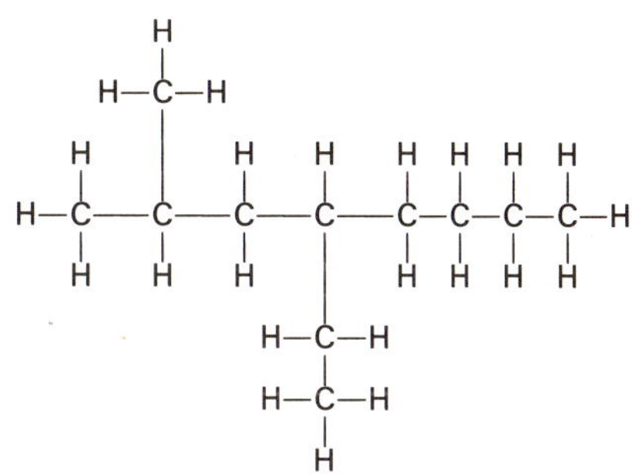

32. Die korrekte Bezeichnung

für 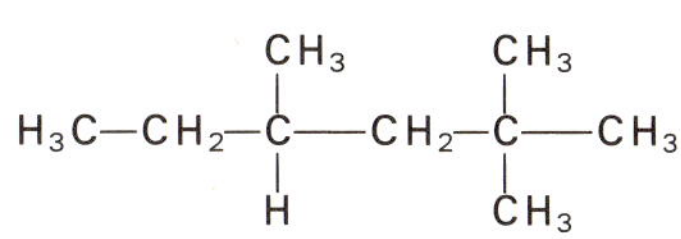

lautet: 2,2,4-Trimethylhexan.

# 17. Lösungen zu den Übungsaufgaben

*33.* Die Strichformel für 1,3,5-Trimethylcyclohexan lautet:

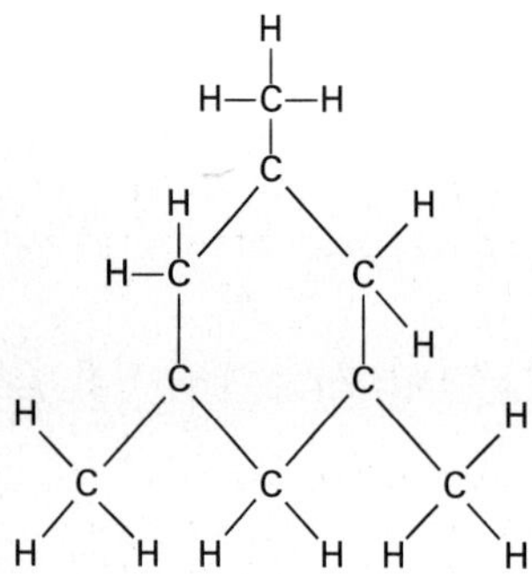

*34.* Mit Zunahme der Kettenlänge der Alkane steigt auch deren Molekularmasse an. Damit erhöhen sich auch die zwischenmolekularen Anziehungskräfte. Bei den Alkanen bestehen diese Anziehungskräfte vor allem aus VAN DER WAALSschen Kräften, die sich aus der Anziehung von Kernen und Elektronen benachbarter Moleküle ergeben. Durch Wärmezufuhr müssen diese Anziehungskräfte beim Schmelzvorgang teilweise und beim Siedevorgang ganz überwunden werden.

*35.* In Alkanen mit hoher Molekülmasse sind die VAN DER WAALSschen Bindungskräfte stärker als die Atombindung zwischen zwei Kohlenstoffatomen. In einem Alkanmolekül mit hoher Kohlenstoffzahl trägt zwar jede $-CH_2$- bzw. $-CH_3$-Gruppe nur in geringem Maße zum intermolekularen Zusammenhalt der Alkanmoleküle bei, die Summe dieser Kräfte ist jedoch bei Alkanen mit 20 und mehr Kohlenstoffatomen stärker als eine Atombindung. Beim Erhitzen solcher Kohlenwasserstoffe werden daher Atombindungen aufgespalten noch bevor die Siedetemperatur erreicht wird.

*36.* Mit polaren Lösungsmitteln sind unpolare Substanzen nur schwer mischbar. Alkane sind völlig unpolar, sie sind deshalb in dem stark polaren Lösungsmittel Wasser praktisch unlöslich.

*37.* Die Ausdrücke „hydrophob" und „lipophil" leiten sich vom Griechischen ab und bedeuten „wasserfeindlich" (hydrophob) und „fettfreundlich" (lipophil).

*38.* Alkane verhalten sich gegenüber vielen Säuren, Laugen und Oxidationsmitteln sehr reaktionsträge. Weil sie wenig geneigt sind (lat.: parum affinis), chemische Reaktionen einzugehen, hat man sie Paraffine genannt.

*39.* $C_3H_8 + 5\,O_2 \longrightarrow 3\,CO_2 + 4\,H_2O;\ -\Delta H$

*40.* Steht zur Verbrennung von Alkanen nicht genügend Sauerstoff zur Verfügung, so kommt es zu einer unvollständigen Oxidation, wobei Kohlenmonoxid CO entstehen kann.

$$2\,C_4H_{10} + 9\,O_2 \longrightarrow 8\,CO + 10\,H_2O;\ -\Delta H$$

*41.* In der Flammenhitze wird das Kohlenstoffgerüst des Paraffins zerstört, dabei entsteht auch elementarer Kohlenstoff. Dieser in der Hitze glühende Kohlenstoff bewirkt das Leuchten der Kerzenflamme.

*42.* Unter einer Substitution versteht man den Ersatz (Austausch) eines Atoms oder einer Atomgruppe in einem Molekül durch ein anderes Atom oder eine andere Atomgruppe.

*43.* Soll elementares Chlor mit einem Alkan (hier Pentan) reagieren, so müssen die Chlormoleküle erst durch Energiezufuhr in Chloratome (Radikale) aufgespalten werden. Diese Aufspaltung kann auch mit energiereichem Licht erfolgen.

$$C_5H_{12} + Cl_2 \xrightarrow{\text{Licht}} C_5H_{11}Cl + HCl$$

*44.* Bei der Reaktion von Methan mit elementarem Chlor müssen erst Chlormoleküle durch Energiezufuhr (z. B. Lichtenergie) in Chlorradikale (Chloratome) aufgespalten werden.

Chlorradikale sind so reaktionsfähig, daß sie dem Methan ein Wasserstoffatom entreißen können.

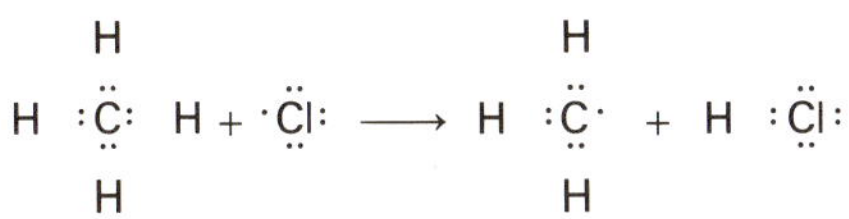

Das dabei entstandene Methylradikal $CH_3^{\bullet}$ greift nun wieder ein Chlormolekül an, wobei sich Monochlormethan und wiederum ein Chlorradikal bildet.

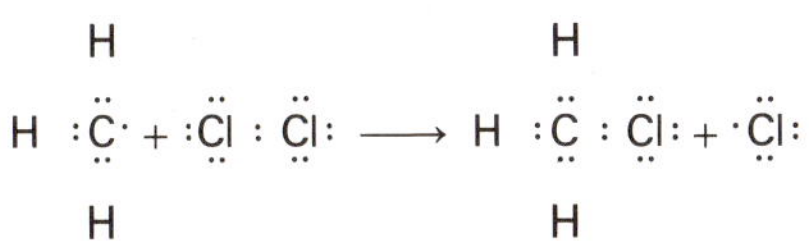

Das entstandene Chlorradikal greift nun in gleicher Weise wie oben beschrieben ein weiteres Methanmolekül an. Man nennt diese Reaktionsfolge eine Radikalkettenreaktion, weil mit Radikalen immer wieder neue Radikale gebildet werden.
Die Gesamtgleichung für die Reaktion von Methan mit Chlor unter dem Einfluß von Licht lautet:

$$CH_4 + Cl_2 \xrightarrow{\text{Licht}} CH_3Cl + HCl$$

*45.* Alkylhalogenide sind Alkane, bei denen ein oder mehrere Wasserstoffatome durch Halogene ersetzt (substituiert) sind. Man nennt sie auch Halogenalkane.

Beispiele:

Monochlorethan $CH_3CH_2Cl$ (Ethylchlorid)
Trichlormethan $CHCl_3$ (Chloroform)
Difluordichlormethan $CF_2Cl_2$ (Frigen)

*46.* Halogene sind stark elektronegativ, d.h. sie ziehen die Bindungselektronen stark an. In Alkylhalogeniden kommt es deshalb zu starken Ladungsverschiebungen (Polarisierung). Alkylhalogenide sind deshalb ausgeprägte Dipole.

*47.* Unter funktionellen Gruppen versteht man Atome oder Atomgruppen, die einer chemischen Verbindung typische Eigenschaften verleihen.

*48.* Chloroform ist Trichlormethan, ein Halogenalkan mit der Formel $CHCl_3$. Es ist ein wichtiges Lösungsmittel für Fette, Öle und Harze. Wegen seiner betäubenden Wirkung wurde Chloroformdampf lange Zeit als Narkosemittel verwendet.

*49.* „Tetra" ist die Kurzbezeichnung für Tetrachlorkohlenstoff (Tetrachlormethan). Obwohl es sehr giftig ist, wird es wegen seiner guten Löseeigenschaften als wichtiges technisches Lösungsmittel benutzt. Auch als Bestandteil von „Fleckentfernern" ist es von Bedeutung. „Tetra" ist unbrennbar und leitet den elektrischen Strom nicht, deshalb benutzt man es auch als Füllung für elektrosichere Feuerlöscher.

*50.* Ethylchlorid (Monochlorethan) verdampft sehr leicht und erzeugt dabei sehr schnell Kälte. Durch Aufsprühen von Ethylchlorid auf die Hautoberfläche kann eine örtliche „Vereisung" und damit eine Schmerzunempfindlichkeit erreicht werden. Wegen dieser örtlichen Betäubungswirkung wird es bei kleinen chirurgischen Eingriffen als Lokalanästhetikum verwendet.

*51.* Durch Entzug von 2 Atomen Wasserstoff (Dehydrierung) erhält man aus Ethan die ungesättigte Verbindung Ethen. Ethen

# 17. Lösungen zu den Übungsaufgaben

besitzt zwischen den zwei Kohlenstoffatomen eine Doppelbindung.

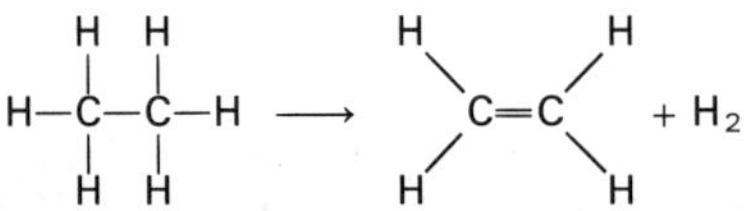

*52.* Organische Verbindungen, die zwischen Kohlenstoffatomen Mehrfachbindungen besitzen, nennt man ungesättigte Verbindungen.

*53.* Die ersten fünf Glieder der homologen Reihe der Alkene sind:
Ethen, Propen, Buten, Penten und Hexen.

*54.* Die allgemeine Summenformel für Alkene lautet $C_nH_{2n}$. Diese allgemeine Summenformel gilt auch für die Cycloalkane.

*55.* Es sind fünf kettenförmige isomere Kohlenwasserstoffverbindungen aus fünf Kohlenstoffatomen mit einer Doppelbindung denkbar:

1) n-Penten-(1)

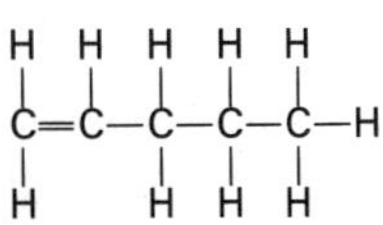

2) n-Penten-(2)

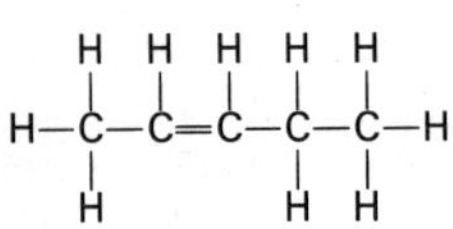

3) 2-Methylbuten-(1)

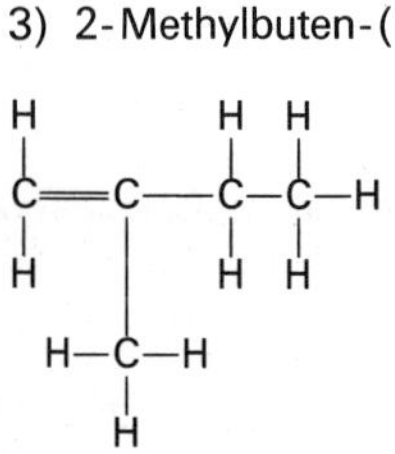

4) 3-Methylbuten-(1)

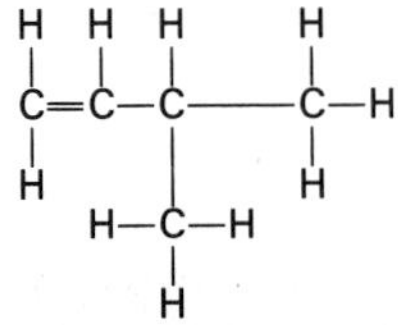

5) 2-Methylbuten-(2)

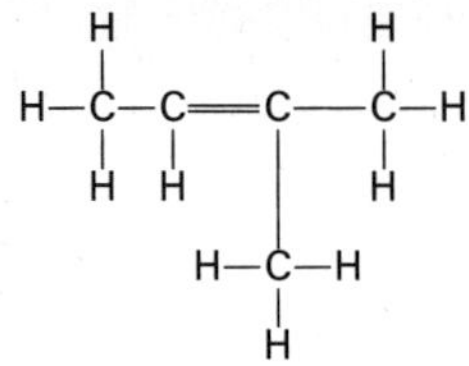

*56.* Die funktionelle Gruppe der Alkene ist die Doppelbindung zwischen zwei Kohlenstoffatomen, denn sie bestimmt wesentlich die chemischen Eigenschaften dieser Stoffgruppe.

*57.* Alkene entfärben im Gegensatz zu den Alkanen Bromwasser.

*58.* Unter Addition versteht man in der Chemie die Anlagerung von Atomen oder Atomgruppen an Mehrfachbindungen.

*59.* Bei der Addition von Chlorwasserstoff an Ethen entsteht Monochlorethan (Ethylchlorid).

$$H_2C{=}CH_2 + HCl \longrightarrow CH_3{-}CH_2Cl$$

*60.* Unter Hydrierung versteht man die Anlagerung von Wasserstoff an eine Mehrfachbindung.

Beispiel:

$$H_2C{=}CH_2 + H_2 \longrightarrow H_3C{-}CH_3$$

Dehydrierung ist der Entzug von Wasserstoff. Durch Dehydrierung von Alkanen erhält man Alkene oder Alkine.

# Lösungen

Beispiel:

$H_3C-CH_3 \longrightarrow H_2C{=}CH_2 + H_2$

*61.* Vinylderivate leiten sich vom Ethen ab. Dabei ist im Ethen ein Wasserstoffatom durch ein anderes Atom oder eine Atomgruppe ersetzt.

Allgemeine Formel eines Vinylderivats:

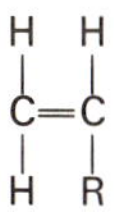

*62.* Polymerisation ist die Verknüpfung vieler kleiner ungesättigter Grundmoleküle zu einem Makromolekül.

*63.* Monomere sind die Bausteine von Makromolekülen. Makromoleküle, die aus vielen Monomeren aufgebaut sind, nennt man Polymere.

*64.* Polyethen besteht aus Makromolekülen. Es ist durch Polymerisation vieler Ethenmoleküle entstanden.

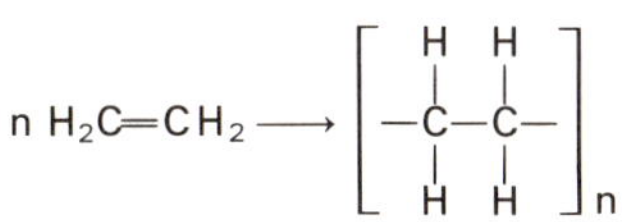

*65.* PVC ist die Abkürzung für Polyvinylchlorid. Es besteht aus Makromolekülen, die durch Polymerisation von Vinylchlorid (VC) entstanden sind.

*66.* Ethin kann man sich durch Abspaltung von 4 Wasserstoffatomen (Dehydrierung) aus Ethan entstanden denken.

$CH_3-CH_3 \longrightarrow HC{\equiv}CH + 2\,H_2$

*67.* Ethin ist das erste Glied der homologen Reihe der Alkine. Alkine haben die allgemeine Summenformel $C_nH_{2n-2}$. Weitere Glieder dieser Reihe sind z. B.
Propin $H-C{\equiv}C-CH_3$ und
Butin $H-C{\equiv}C-CH_2-CH_3$.

*68.* Es sind drei kettenförmige isomere Kohlenwasserstoffverbindungen aus fünf Kohlenstoffatomen mit einer Dreifachbindung denkbar:

1) n-Pentin-(1)

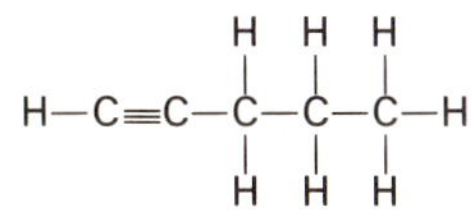

2) n-Pentin-(2)

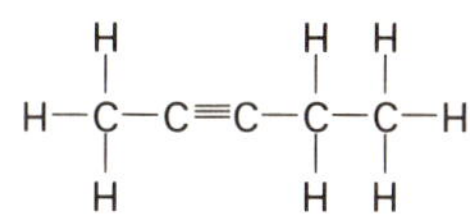

3) 3-Methylbutin-(1)

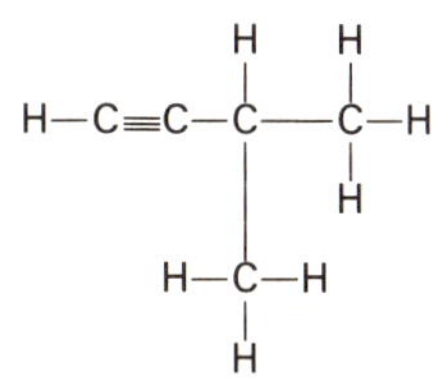

*69.* Ethin entsteht bei der Reaktion von Calciumcarbid mit Wasser:

$CaC_2 + 2\,H_2O \longrightarrow C_2H_2 + Ca(OH)_2$

*70.* Bei der vollständigen Verbrennung von Ethin wird sehr viel Energie frei, dabei entstehen Kohlendioxid und Wasser:

$2\,CH_2 + 5\,O_2 \longrightarrow 4\,CO_2 + 2\,H_2O;$

$\Delta H = -2614\,kJ$

*71.* Ethin kommt als „Dissousgas" in Stahlflaschen in den Handel. Ethin ist hier in Aceton gelöst, dadurch kann es mit weniger Risiko transportiert und gehandhabt werden. Reines Ethin ist sehr druck- und hitzeempfindlich. Es kann unter hoher Energieabgabe explosionsartig zerfallen:

$C_2H_2 \longrightarrow 2\,C + H_2; \quad H = -226\,kJ$

# 17. Lösungen zu den Übungsaufgaben

*72.* Durch Addition von Chlorwasserstoff an Ethin kann Vinylchlorid (Monochlorethen) hergestellt werden.

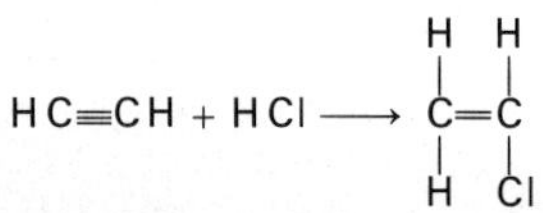

*73.* Die Addition von Chlor an Ethin kann in zwei Stufen erfolgen.
1) Bei der Addition von einem Chlormolekül an Ethin entsteht 1,2-Dichlorethen:

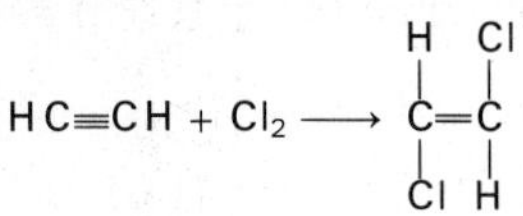

2) Werden zwei Chlormoleküle an Ethin addiert, so entsteht 1,1,2,2-Tetrachlorethan:

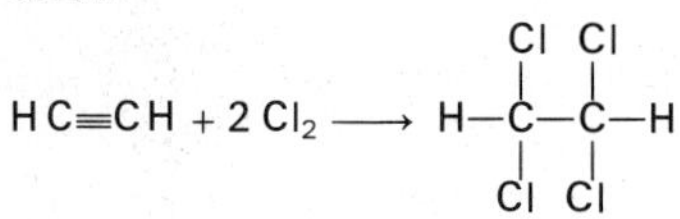

*74.* Im Ethin können die Wasserstoffatome durch Metallatome substituiert werden, dabei entstehen Acetylide (Carbide).
Beispiel:
Bildung von Silberacetylid:
$HC{\equiv}CH + 2\,Ag^+ \longrightarrow Ag{-}C{\equiv}C{-}Ag + 2\,H^+$
Acetylide zerfallen leicht explosionsartig unter Energieabgabe.

*75.* Leitet man Ethin durch eine ammoniakalische Silber- oder Kupfersalzlösung, so bildet sich ein weißer (Silberacetylid) oder rotbrauner (Kupferacetylid) Niederschlag. Mit Ethen bildet sich kein Niederschlag.
Beispiel:
Bildung von Kupferacetylid:
$H{-}C{\equiv}C{-}H + 2\,Cu^+ \longrightarrow$
$Cu{-}C{\equiv}C{-}Cu + 2\,H^+$

*76.* Für die Entstehung von Erdöl gibt es mehrere Hypothesen. Die am häufigsten genannte Erklärung geht davon aus, daß Kleinlebewesen in urweltlichen Meeren und Seen die Grundlage für die Bildung von Erdöl waren. Nach ihrem Absterben sanken diese Mikroorganismen auf den Boden der Gewässer und bildeten unter Luftabschluß dicke Schichten von Faulschlamm. Unter dem Einfluß von hohem Druck und hoher Temperatur entstand daraus allmählich Erdöl.

*77.* Die ergiebigsten Erdölvorkommen liegen häufig in Küstennähe. Meistens handelt es sich dabei um Wüsten- oder Sumpfgebiete, die sich gürtelförmig rund um die Erde verteilen.

*78.* „Pipelines" sind lange Rohrleitungen, in denen Erdöl über große Strecken auf dem Festland transportiert wird.

*79.* Auslaufendes Erdöl bildet eine erhebliche Gefährdung der Umwelt. Das Leben in den Weltmeeren wird durch havarierte Tanker schwer bedroht. „Ölunfälle" auf dem Festland gefährden vor allem das Grundwasser und damit die Trinkwasserversorgung. Ein Liter Öl kann mehrere Millionen Liter Trinkwasser unbrauchbar machen.

*80.* Erdöl ist ein Vielstoffgemisch. Es setzt sich aus einer Vielzahl von Kohlenwasserstoffverbindungen zusammen. Je nach dem Ursprungsort überwiegen geradkettige, verzweigte oder ringförmige Kohlenwasserstoffe, in denen auch noch Schwefel, Sauerstoff und Stickstoff gebunden sein können.

*81.* Fraktionierte Destillation ist die stufenweise Auftrennung eines Stoffgemisches auf Grund der unterschiedlichen Siedepunkte seiner Bestandteile.

*82.* Fraktioniertürme sind Destillationsanlagen, in denen großtechnisch Erdöl in die gewünschten Fraktionen (Kohlenwasserstoffe mit bestimmten Siedebereichen) zerlegt wird. Fraktioniertürme bestehen aus übereinanderliegenden Glockenböden, die von den verdampften Bestandteilen des Erdöls durchströmt werden, wobei sich die Dämpfe abkühlen. Auf diese Weise sammeln sich Fraktionen mit hohen Siedetemperaturen in den unteren Böden. Kohlenwasserstoffe mit niedrigen Siedebereichen kondensieren weiter oben (Siehe Abb. 10).

*83.* Der bei der Topdestillation des Erdöls verbleibende Rückstand läßt sich bei Atmosphärendruck nicht verdampfen. Die VAN DER WAALS-Kräfte zwischen diesen hochmolekularen Kohlenwasserstoffen sind größer als die Bindungskraft einer kovalenten Bindung zwischen zwei Kohlenstoffatomen. Beim Erhitzen zersetzen sich diese Stoffe noch bevor ihr Siedepunkt erreicht ist. Durch Unterdruck lassen sich die Siedepunkte absenken, dadurch können langkettige Kohlenwasserstoffe destilliert werden, ohne daß sie durch zu große Hitzeeinwirkung zersetzt werden.

*84.* Schwefelverbindungen im Benzin, Dieselöl und Heizöl bilden bei der Verbrennung Schwefeldioxid. Schwefeldioxidhaltige Abgase verursachen erhebliche Korrosionsschäden an Motoren, Heizungsanlagen und Bauwerken. $SO_2$ ist außerdem eines der Umweltgifte, die in der Natur den größten Schaden anrichten. Treib- und Brennstoffe müssen deshalb vor ihrer Verwendung entschwefelt werden.

*85.* Die Entschwefelung von Erdöldestillaten erfolgt bei hohem Druck und hoher Temperatur mit elementarem Wasserstoff, wobei Katalysatoren eine wichtige Rolle spielen:

$$R-S-H + H_2 \xrightarrow{[Kat]} R-H + H_2S$$

$$2\,H_2S + O_2 \xrightarrow{\text{Druck, Hitze}} 2\,H_2O + 2\,S$$

*86.* Hochwertiges Benzin muß einen hohen Anteil an verzweigtkettigen und ringförmigen Kohlenwasserstoffen aufweisen. Durch „Reformieren" werden geradkettige Kohlenwasserstoffe bei hohem Druck mit Hilfe von Katalysatoren in verzweigte Verbindungen umgewandelt.

Beispiel zur Lösung 86:

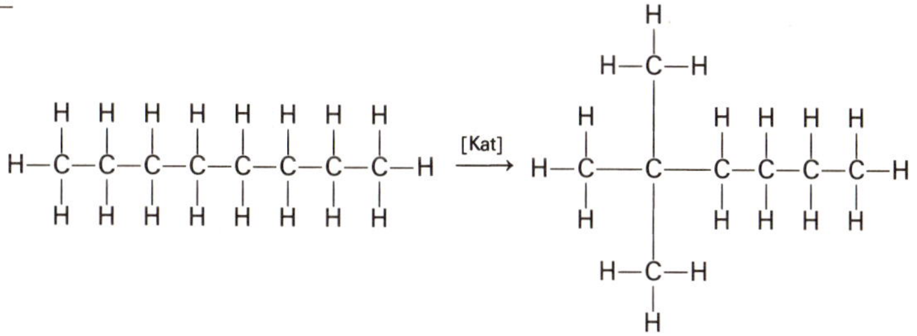


n- Octan 2,2-Dimethylhexan

*87.* Beim „Cracken" werden langkettige, hochsiedende Bestandteile des Erdöls in kürzerkettige Kohlenwasserstoffe, die im Siedebereich von Benzin liegen, aufgespalten („gecrackt"). Dabei entstehen teilweise auch ungesättigte Kohlenwasserstoffe. Das Cracken erfolgt unter starker Hitzeeinwirkung. Mit Hilfe von Katalysatoren kann der Crackverlauf so gesteuert werden, daß ganz bestimmte gewünschte Spaltprodukte entstehen.

# 17. Lösungen zu den Übungsaufgaben

Beispiel:

Aufspaltung von Pentadecan in n-Octan und n-Hepten-1

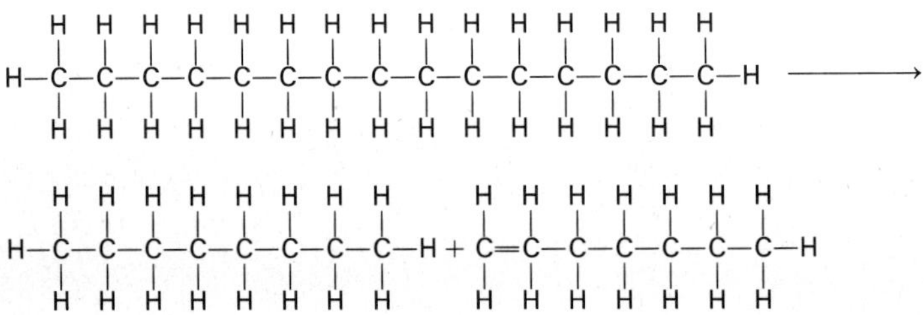

*88.* Durch das katalytische Cracken kann der Crackverlauf weitgehend so gesteuert werden, daß ganz bestimmte, gewünschte Produkte entstehen. Beim rein thermischen Cracken ist diese Beeinflussung des Spaltprozesses nicht möglich.

*89.* Autobenzin ist ein Gemisch aus verschiedenen Kohlenwasserstoffen, deren Moleküle 5–12 Kohlenstoffatome enthalten. Qualitätsbenzin enthält einen hohen Anteil an verzweigten und ringförmigen Kohlenwasserstoffen.

*90.* Klopffestes Benzin entzündet sich im Zylinder des Motores nicht vorzeitig durch die auftretende Kompressionstemperatur. Erst der Zündfunke der Zündkerze löst bei klopffestem Benzin die Explosion des Benzindampf-Luftgemisches aus.

*91.* Zur Feststellung der Klopffestigkeit einer bestimmten Benzinsorte vergleicht man dieses mit einem Testgemisch aus dem besonders klopffesten 2,2,4-Trimethylpentan (Isooctan) und dem sehr klopffreudigen n-Heptan. Dem Isooktan hat man willkürlich die Oktanzahl 100 und dem n-Heptan die Oktanzahl 0 gegeben. Benzin mit der Oktanzahl 94 (OZ94) verhält sich in seinem Zündverhalten genauso wie ein Gemisch aus Isooktan und n-Heptan, das 94% Isooktan enthält.

*92.* Ein Zusatz von Bleitetraethyl $Pb(CH_2CH_3)_4$ erhöht die Klopffestigkeit von Autobenzin. Aus Gründen des Umweltschutzes darf in Deutschland nur 0,15 g Bleitetraethyl pro Liter Benzin zugemischt werden.

*93.* Dieselkraftstoff muß sich im Motor bei hohem Druck selbst entzünden. Geradkettige Alkane entzünden sich leichter als verzweigtkettige und ringförmige Alkane. Gutes Dieselöl enthält deshalb einen hohen Prozentsatz an unverzweigten Alkanen.

*94.* Das Zündverhalten von Dieselkraftstoff wird durch die Cetanzahl angegeben. Als Vergleichsgemisch verwendet man eine Mischung aus dem sehr zündwilligen n-Hexadecan $C_{16}H_{34}$ (=Cetan) mit der Cetanzahl 100 und dem sehr zündträgen 1-Methylnaphthalin $C_{11}H_{10}$ mit der Cetanzahl 0. Ein Dieselkraftstoff mit der CZ48 verhält sich demnach in seinem Zündverhalten genauso wie ein Gemisch aus 48% Cetan und 52% 1-Methylnaphthalin.

*95.* Heizöl hat eine ähnliche Zusammensetzung wie Dieselkraftstoff. Zur Verhinderung von Steuerhinterziehungen durch die Verwendung von Heizöl in Dieselkraftfahrzeugen wird das steuergünstigere Heizöl mit einem leicht nachweisbaren Farbstoff angefärbt.

# Lösungen

*96.* Propan und Butan lassen sich durch Druck leicht verflüssigen. Diese Kohlenwasserstoffe werden als „Flüssiggas" in Druckbehältern (meist Stahlflaschen) in den Handel gebracht.

*97.* Erdgas besteht hauptsächlich aus Methan $CH_4$. In geringen Mengen enthält es auch andere Kohlenwasserstoffe wie z.B. Ethan und Propan. Je nach Fundort ist es auch noch mit Kohlendioxid, Stickstoff und Schwefelwasserstoff vermischt.

*98.* Erdgas wird einerseits zur Energiegewinnung genutzt, andererseits ist es aber auch ein wichtiger Ausgangsstoff der chemischen Industrie für großtechnische Synthesen.

*99.* Unter Inkohlungsprozess versteht man die Bildung von Kohle aus abgestorbenen Pflanzen im Laufe von Jahrmillionen. Die Inkohlung findet in großer Tiefe unter der Erdoberfläche statt. Der dort herrschende hohe Druck und die erhöhte Temperatur fördern die Abspaltung wasserstoff- und sauerstoffreicher Verbindungen in Form von CO, $CO_2$, $H_2O$ und Methan. Der Kohlenstoffgehalt der Pflanzenreste steigt auf diese Weise immer mehr an, bis sich schließlich Kohle bildet.

*100.* Braunkohle, Steinkohle und Anthrazit unterscheiden sich untereinander vor allem in ihrem Gehalt an Kohlenstoff. Bei der Millionen von Jahren alten Braunkohle ist der Inkohlungsprozess noch nicht so weit fortgeschritten wie bei der Steinkohle, die um weitere Jahrmillionen älter ist als die Braunkohle. Am ältesten ist Anthrazit. Bei ihm ist durch den Inkohlungsprozess der Kohlenstoffgehalt auf über 90% angestiegen.

*101.* Die genaue chemische Zusammensetzung der Kohle kann auch heute noch nicht bis in alle Einzelheiten angegeben werden. Die Zusammensetzung der Kohle variiert je nach Herkunft stark. Alle Kohlearten enthalten auf alle Fälle eine Vielzahl von Kohlenwasserstoffverbindungen, die teilweise eine sehr hohe Molekularmasse aufweisen können (ca. 2000 u). Bei den meisten dieser Kohlenwasserstoffe handelt es sich um Verbindungen mit aromatischem Bindungscharakter, deren einfachster Vertreter das Benzol ist. Neben den Elementen Kohlenstoff und Wasserstoff sind in Kohle auch Sauerstoff, Stickstoff und Schwefel gebunden.

*102.* Unter „trockener Destillation" versteht man das Erhitzen von Stoffgemischen (z.B. Kohle) unter Luftabschluß, wobei Zersetzung eintritt.

*103.* Steinkohlenteer ist eine schwarze, unangenehm riechende Flüssigkeit, die sich durch Kondensation der bei der trockenen Destillation der Steinkohle entstehenden Dämpfe bildet. Teer ist ein Gemisch aus schätzungsweise über 10 000 verschiedenen Verbindungen, von denen aber bisher erst ca. 500 identifiziert sind.

*104.* Unter Kohleentgasung versteht man die trockene Destillation von Kohle. In speziellen Kammern wird Kohle auf 600–1000 °C erhitzt, wobei die flüchtigen Bestandteile als Gase entweichen. Als Rückstand verbleibt Koks, der aus fast reinem Kohlenstoff besteht.
Im Gegensatz dazu steht die Kohlevergasung. Hier bläst man abwechselnd Luft oder Wasserdampf über glühende Kohle. Dabei bildet sich ein Gasgemisch aus Kohlenmonoxid, Wasserstoff und Stickstoff. Dieses bei der Kohlevergasung entstehende Mischgas hat als Synthesegas große Bedeutung in der chemischen Industrie.

*105.* Wichtige Reaktionen bei der Kohlevergasung finden beim „Heißblasen" (mit Luft) und beim „Kaltblasen" (mit Wasserdampf) statt. Vorgang beim Heißblasen:

# 17. Lösungen zu den Übungsaufgaben

$$2\,C + \underbrace{4\,N_2 + O_2}_{\text{Luft}} \longrightarrow 2\,CO + 4\,N_2;$$

$$\Delta H = -221\,kJ$$

Vorgang beim Kaltblasen:

$C + H_2O \longrightarrow CO + H_2;\quad \Delta H = +131\,kJ$

Durch abwechselndes „Heißblasen" und „Kaltblasen" kann Kohle in einem kontinuierlichem Prozeß vergast werden.

*106.* Unter Kohleverflüssigung versteht man die Überführung von Kohle in flüssige Kohlenwasserstoffe. Durch Kohlevergasung gewinnt man zunächst Kohlenmonoxid und Wasserstoff, aus denen man mit Hilfe von Katalysatoren flüssige Kohlenwasserstoffe synthetisiert (FISCHER-TROPSCH-Verfahren).
Ein anderes Verfahren zur Gewinnung flüssiger Kohlenwasserstoffe beruht auf der Anlagerung von Wasserstoff an Kohle (Kohlehydrierung) bei ca. 500 °C und einem Druck von etwa 200 bar (BERGIUS-Verfahren).

*107.* Beim FISCHER-TROPSCH-Verfahren werden Kohlenmonoxid und Wasserstoff mit Hilfe von Katalysatoren in Kohlenwasserstoffverbindungen übergeführt. Je nach Reaktionsbedingungen (Druck, Temperatur, Mischungsverhältnis der Ausgangsstoffe) entstehen Kohlenwasserstoffe mit verschiedener Kettenlänge.

Beispiel:

$$7\,CO + 15\,H_2 \xrightarrow{[Kat]} C_7H_{16} + 7\,H_2O$$

*108.* Wegen der schwindenden Erdölvorräte und wegen der Preisexplosion bei Erdölprodukten gewinnt die Benzinsynthese aus Kohle immer mehr an Bedeutung.

*109.* Alkohole sind Kohlenwasserstoffe, bei denen ein oder mehrere Wasserstoffatome durch die OH-Gruppe (Hydroxylgruppe) ersetzt sind.

*110.* Die Hydroxylgruppe ist durch Atombindung (Elektronenpaarbindung) an seinen Partner (z. B. ein Kohlenstoffatom) gebunden. Die Hydroxylgruppe darf nicht mit dem Hydroxidion verwechselt werden, wie es z. B. im Natriumhydroxid NaOH vorkommt.

*111.* Alkanole sind Alkohole, die sich von den Alkanen ableiten. Methanol $CH_3OH$ und Ethanol $CH_3CH_2OH$ sind wichtige Alkanole.

*112.* Die Wertigkeit von Alkoholen gibt die Anzahl der Hydroxylgruppen im Alkoholmolekül an.

*113.* Polyalkohole sind Alkohole, die in ihrem Molekül viele OH-Gruppen enthalten.

*114.* Die Strukturformel von Propanol-(2) lautet:

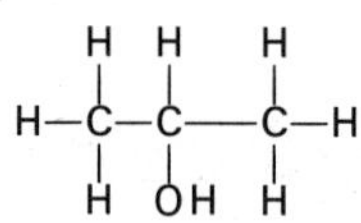

*115.* Der korrekte Name für die Verbindung

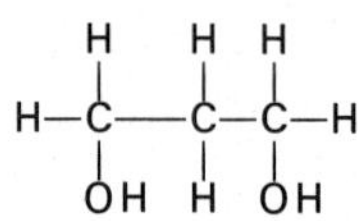

lautet: Propandiol-(1,3).

*116.* Die Bezeichnung Pentandiol-(4,5) ist falsch, denn für die Angabe der Stellung von Substituenten müssen immer die niedrigstmöglichen Ziffern benutzt werden. Die richtige Bezeichnung lautet deshalb Pentandiol-(1,2). Die Strukturformel lautet:

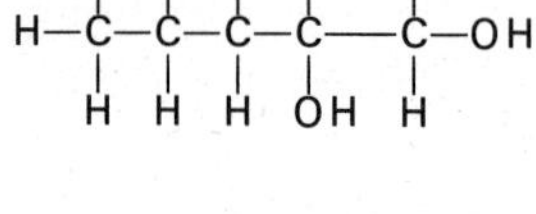

# Lösungen

*117.* Primäre, secundäre und tertiäre Alkohole sind isomere Formen von Alkoholen. Bei primären Alkoholen ist das Kohlenstoffatom, das die OH-Gruppe trägt, nur mit einem weiteren Kohlenstoffatom direkt verbunden. Bei secundärem Alkohol ist dieses Kohlenstoffatom mit zwei weiteren, bei tertiären Alkoholen mit drei weiteren Kohlenstoffatomen direkt verbunden.

*118.* Propanol-(1) ist ein primärer, Propanol-(2) ein secundärer Alkohol. Durch vorsichtige Oxidation können beide voneinander unterschieden werden.

Beim Propanol-(1) entsteht dabei Propanal:

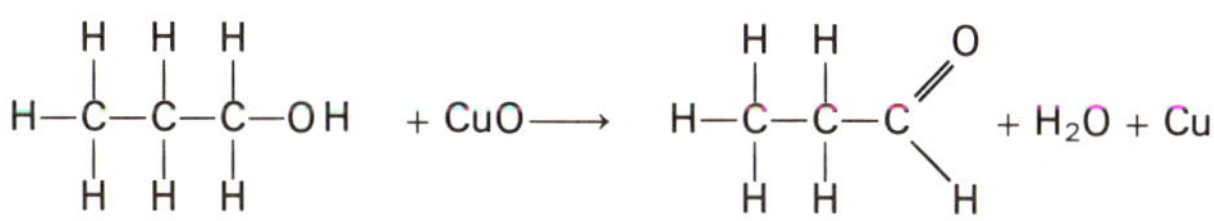


Bei der Oxidation von Propanol-(2) entsteht Propanon (Aceton):

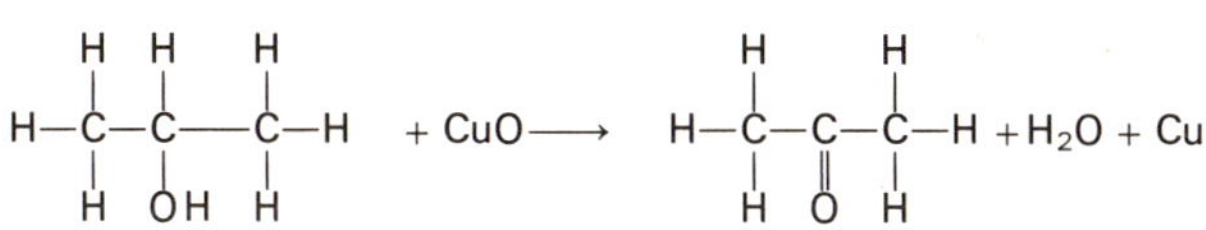


*119.* 2-Methylpropanol-(2) ist ein tertiärer Alkohol, er kann ohne Zerstörung des Kohlenstoffgerüsts nicht oxidiert werden.

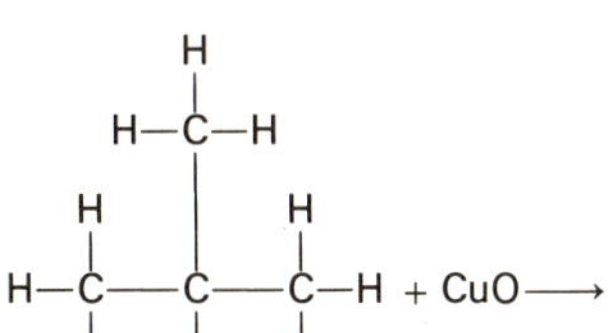


keine Reaktion

*120.* Wie bei allen Alkoholen, so sind auch beim Ethanol wegen der hohen Elektronegativität des Sauerstoffs die Moleküle stark polarisiert. Deshalb treten ähnlich wie beim Wasser auch bei den Alkoholen Wasserstoffbrückenbindungen auf. Bei den Alkanen, also auch beim Ethan, werden die Moleküle untereinander nur durch die verhältnismäßig schwachen VAN DER WAALSschen Kräfte zusammengehalten. Bei den Alkoholen kommen noch die wesentlich stärkeren Kräfte aus den Wasserstoffbrückenbindungen hinzu. Um den Siedepunkt zu erreichen, müssen diese Bindungskräfte überwunden werden. Um vom flüssigen in den dampfförmigen Aggregatzustand überzugehen sind

# 17. Lösungen zu den Übungsaufgaben

deshalb beim Ethanol erheblich höhere Temperaturen nötig als beim Ethan.

*121.* Alkohole enthalten die stark hydrophile (wasserfreundliche) Hydroxylgruppe. Kohlenwasserstoffe dagegen sind hydrophob (wasserfeindlich). Bei Alkoholen mit kurzen Kohlenwasserstoffresten überwiegt der hydrophile Charakter der Hydroxylgruppe. Methanol, Ethanol und Propanol sind daher im Gegensatz zu Methan, Ethan und Propan gut in Wasser löslich.

*122.* Hydrophil bedeutet wasserfreundlich; hydrophob bedeutet wasserfeindlich. Hydrophile Stoffe sind wasserlöslich, hydrophobe Stoffe lösen sich nicht in Wasser.

*123.* Der hydrophobe Kohlenwasserstoffrest ($CH_3-CH_2-CH_2-CH_2-$) im Butanol-(1) ist wesentlich länger als beim Ethanol ($CH_3CH_2-$). Der hydrophile Einfluß der Hydroxylgruppe wird deshalb beim Ethanol weniger abgeschwächt als beim Butanol. Butanol ist deshalb im Wasser schwerer löslich als Ethanol.

*124.* Ethanol kann man als Wasser betrachten, bei dem ein Wasserstoffatom durch einen Ethylrest ersetzt wurde. Ethanol reagiert deshalb ähnlich wie Wasser mit elementarem Natrium unter Wasserstoffentwicklung.

$$2\,CH_3CH_2OH + 2\,Na \longrightarrow 2\,CH_3CH_2O^-Na^+ + H_2\uparrow$$

*125.* Natriummethylat ist eine salzartige Verbindung, die bei der Reaktion von Natrium mit Methanol entsteht.

$$2\,CH_3OH + 2\,Na \longrightarrow 2\,CH_3O^-Na^+ + H_2\uparrow$$

*126.* Methanol ist ein wichtiger Ausgangsstoff für die Kunststoffindustrie (Oxidation zu Methanal). Außerdem ist Methanol ein wichtiges Lösungsmittel für Fette, Öle, Harze und Lacke. Im Gemisch mit Wasser dient Methanol auch manchmal als Frostschutzmittel. Eine zunehmende Bedeutung gewinnt Methanol als Energielieferant in Verbrennungsmotoren, in Brennstoffzellen und als Raketentreibstoff.

*127.* Großtechnisch gewinnt man heute Methanol aus Synthesegas:

$$CO + 2\,H_2 \longrightarrow CH_3OH$$

*128.* Großtechnisch wird Ethanol als Industriealkohol durch katalytische Anlagerung von Wasser an Ethen gewonnen

$$CH_2{=}CH_2 + H_2O \xrightarrow{\text{Kat}} CH_3CH_2OH$$

Der für Genußzwecke verbrauchte „Alkohol" wird hauptsächlich mit Hilfe von Hefe über die alkoholische Gärung aus Glucose hergestellt.

$$C_6H_{12}O_6 \xrightarrow{[\text{Hefe}]} 2\,C_2H_5OH + 2\,CO_2$$

*129.* Unter alkoholischer Gärung versteht man die Umwandlung von Zuckerlösungen in Ethanol und Kohlendioxid durch die Enzymwirkung von Hefe, dabei wird Energie freigesetzt.

$$C_6H_{12}O_6 \xrightarrow{[\text{Hefe}]} 2\,C_2H_5OH + 2\,CO_2; \quad \Delta H = -88\,\text{kJ}$$

*130.* Die Alcotestreaktion spielt vor allem im Straßenverkehr eine wichtige Rolle. Mit ihr kann auf den Blutalkoholgehalt geschlossen werden. Dabei wird der Alkoholgehalt einer bestimmten Menge Ausatemluft festgestellt. Aus den gefundenen Werten läßt sich dann der Blutalkoholgehalt errechnen. Beim Alcotest nützt man die Reduktionswirkung von Ethanol. Orangefarbene Chromionen der Oxidationsstufe +VI werden zu grünen Chromionen der Oxidationsstufe +III reduziert. Die Intensität der Grünfärbung läßt Rückschlüsse auf den Alkoholgehalt im Blut zu.

$$\overset{+VI}{Cr_2}O_7^{2-} + 3\,C_2H_5OH + 8\,H^+ \longrightarrow$$

orangefarbig

$2\ \overset{+III}{Cr^{3+}} + 3\,CH_3CHO + 7\,H_2O$

grün

131. Glycol ist Ethandiol-(1,2). Es ist ein zweiwertiger Alkohol mit der Strukturformel

```
    H  H
    |  |
HO–C–C–OH.
    |  |
    H  H
```

Glycol ist ein wichtiges Gefrierschutzmittel bei wassergekühlten Motoren. Außerdem werden große Mengen Glycol in der Kunststoffindustrie verbraucht.

132. Glycerin ist ein dreiwertiger Alkohol, der sich vom Propan ableitet. Sein korrekter Name ist Propantriol-(1,2,3).

133. Die hohe Viskosität (Zähflüssigkeit) von Glycerin ist auf die große Anzahl von Wasserstoffbrückenbindungen zurückzuführen, die sich aus der Häufung der OH-Gruppen ergeben.

134. In der Autoindustrie wird Glycerin als Frostschutzmittel für Motorenkühler und als Hauptbestandteil der Bremsflüssigkeit bei hydraulischen Bremsanlagen verwendet. Eine wichtige Rolle spielt Glycerin auch in der Kunststoff- und Kosmetikindustrie. Das meiste Glycerin wird jedoch in der Sprengstoffindustrie zur Herstellung von Nitroglycerin verbraucht.

135. Ether haben die allgemeine Formel $R_1-O-R_2$, wobei $R_1$ und $R_2$ Alkylreste darstellen. Bei zwei gleichen Alkylresten spricht man von einfachen, bei verschiedenen Alkylresten von gemischten Ethern.

136. Ether haben im Vergleich zu Alkoholen niedere Siedepunkte. Der Grund dafür ist, daß am Sauerstoff kein Wasserstoffatom mehr gebunden ist und sich deshalb zwischen den Ethermolekülen im Gegensatz zu den Alkoholmolekülen keine Wasserstoffbrückenbindungen ausbilden können. Dimethylether hat deshalb einen wesentlich niedrigeren Siedepunkt als Ethanol, obwohl beide Substanzen die gleiche Molekülmasse besitzen.

137. In Ethermolekülen ist im Gegensatz zu Alkoholmolekülen kein durch Natrium ersetzbarer Wasserstoff enthalten. Gibt man deshalb Natrium zu Ether, dann erfolgt mit dem Ether keine Reaktion. Ist im Ether etwas Wasser enthalten, dann reagiert das Natrium mit diesem Wasser und der Ether wird wasserfrei. Alkohol kann auf diese Weise nicht getrocknet werden, weil Natrium mit diesem unter Alkoholatbildung reagiert.

138. Diethylether kann durch Wasserabspaltung aus Ethanol hergestellt werden. Als wasserentziehendes Mittel dient konz. Schwefelsäure.

$$\begin{matrix} C_2H_5O\boxed{H} \\ C_2H_5\boxed{OH} \end{matrix} \xrightarrow{H_2SO_4} C_2H_5-O-C_2H_5 + H_2O$$

139. Diethylether dient in erster Linie als Lösungsmittel. In der Medizin dient er als Narkosemittel bei chirurgischen Eingriffen. Die belebenden und krampflösenden Hoffmannstropfen bestehen aus 1 Teil Diethylether und 3 Teilen Ethanol.

140. Ether ist äußerst feuergefährlich. Seine Bedeutung geht deshalb immer mehr zurück.

141. Die Carbonylgruppe ist eine funktionelle Gruppe mit der Formel $>C=O$. Wegen der hohen Elektronegativität des Sauerstoffs ist die Carbonylgruppe stark polar. Daraus erklärt sich die Reaktionsfreudigkeit der Substanzen, die diese funktionelle Gruppe enthalten.

142. Aldehyde können durch Oxidation primärer Alkohole entstehen. Die funktionelle Gruppe der Aldehyde ist die Carbonylgruppe, an der noch ein Wasserstoffatom hängt.

# 17. Lösungen zu den Übungsaufgaben

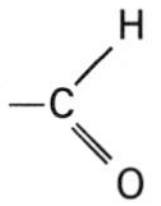

Aldehydgruppe

*143.* Der Begriff Aldehyd geht auf JUSTUS VON LIEBIG zurück. Aldehyd ist die Abkürzung für Alcoholus dehydrogenatus und bedeutet Alkohol, dem man Wasserstoff entzogen hat.

*144.* Die ersten drei Glieder der homologen Reihe der Alkanale sind Methanal, Ethanal und Propanal. Ihre Strukturformeln lauten:

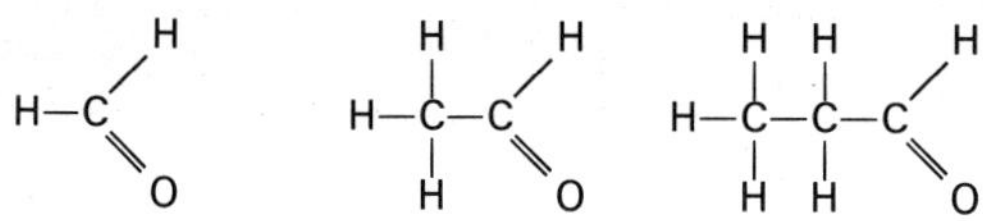

Methanal Ethanal Propanal

*145.* Aldehyde können leicht zu Carbonsäuren oxidiert werden, sie sind deshalb Reduktionsmittel.

*146.* Läßt man Propanal mit der tiefblauen FEHLINGschen Lösung reagieren, so bildet sich ein ziegelroter Niederschlag von Kupfer I-oxid. Propanal wird dabei zu Propansäure oxidiert.

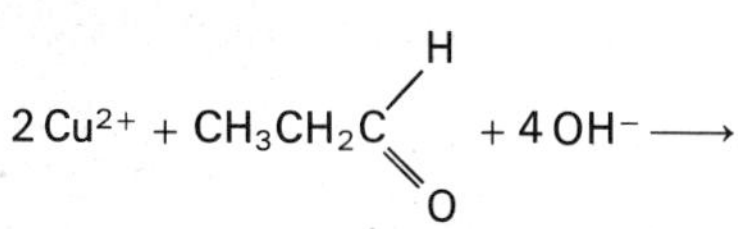

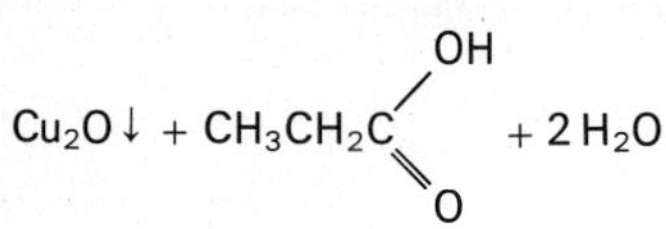

*147.* Die Reaktionsgleichung für die Silberspiegelprobe mit Formaldehyd (Methanal) lautet:

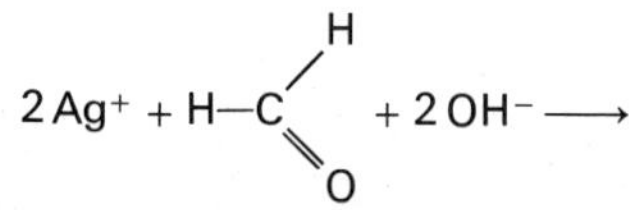

Methanal

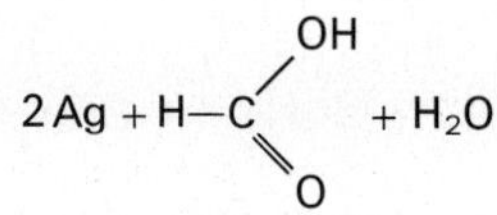

Methansäure

*148.* Die SCHIFFsche Probe dient zum Nachweis der Aldehydgruppe. Dabei reagiert das „SCHIFFsche Reagenz" (fuchsinschwefelige Säure) mit Aldehyden, wodurch eine kräftige Rotfärbung eintritt.

*149.* Neben ihrer reduzierenden Wirkung neigen Alkanale wegen der Doppelbindung zwischen Sauerstoff und Kohlenstoff in der Carbonylgruppe sehr stark zu Additionsreaktionen und zur Polymerisation.

*150.* Durch katalytische Addition von Wasserstoff kann aus Ethanal Ethanol hergestellt werden.

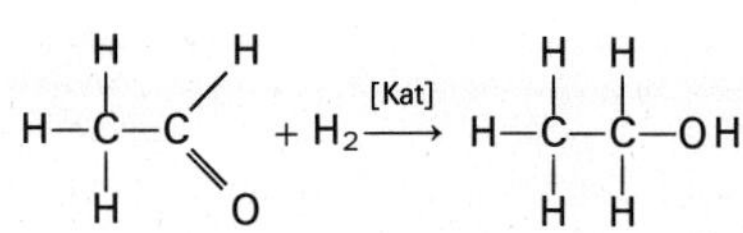

Ethanal Ethanol

# Lösungen

*151.* Polymethanal besteht aus Makromolekülen, die durch Polymerisation vieler Methanalmoleküle entstanden sind.

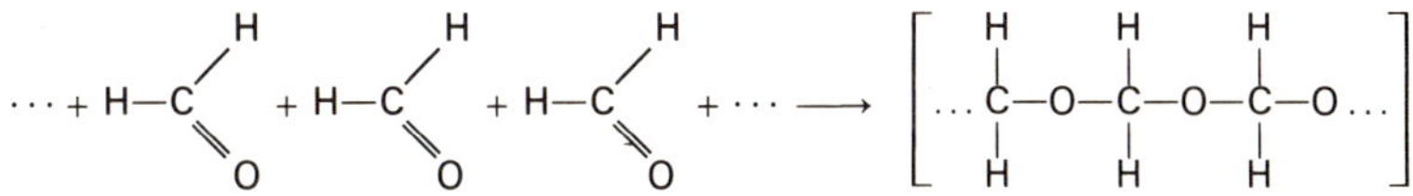

Methanal Polymethanal

*152.* Ketone sind Oxidationsprodukte secundärer Alkohole. Bei ihnen ist die Carbonylgruppe zwischen zwei Kohlenwasserstoffresten angeordnet. Die allgemeine Strukturformel der Ketone ist $R_1-\overset{O}{\overset{\|}{C}}-R_2$.

*153.* Ketone können durch Oxidation secundärer Alkohole entstehen.

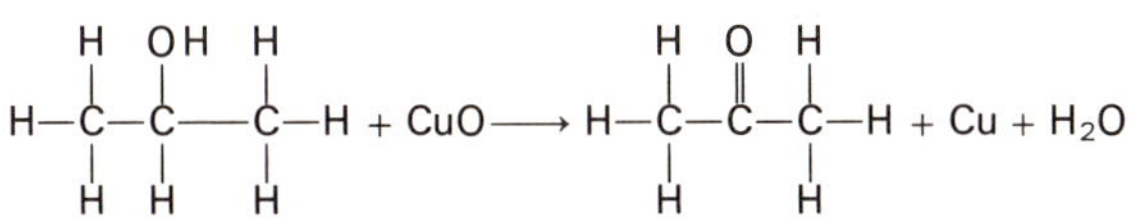

sec. Alkohol Keton

*154.* Die funktionelle Gruppe der Ketone ist die Carbonylgruppe $>C=O$

*155.* Die Strukturformel für Hexanon-(3) ist

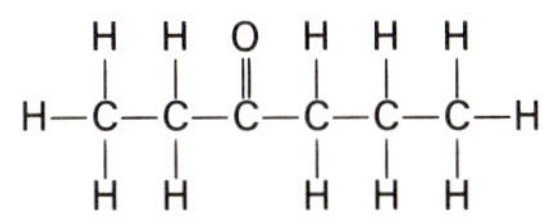

man kann diese Verbindung auch Ethylpropylketon nennen.

*156.* Aceton ist das Dimethylketon (Propanon). Es dient vor allem als ausgezeichnetes Lösungsmittel.

*157.* Ketone neigen zu Additionsreaktionen. So wird z.B. von Pentanon-(2) unter dem Einfluß von Katalysatoren Wasserstoff addiert und es entsteht der secundäre Alkohol Pentanol-(2).

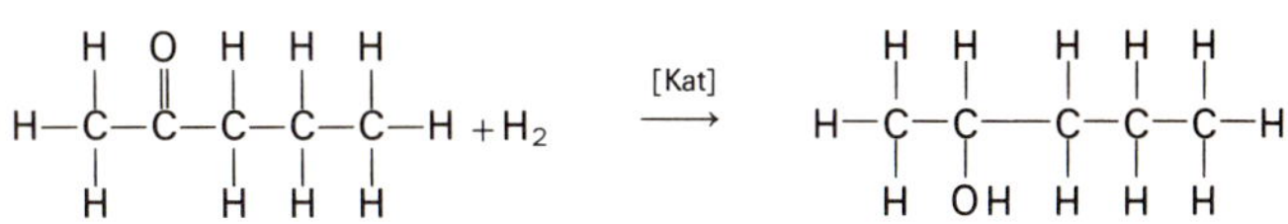

# 17. Lösungen zu den Übungsaufgaben

*158.* Carbonsäuren können durch Oxidation von Aldehyden entstehen. Die Oxidation von Ethanal führt zur Ethansäure (Essigsäure).

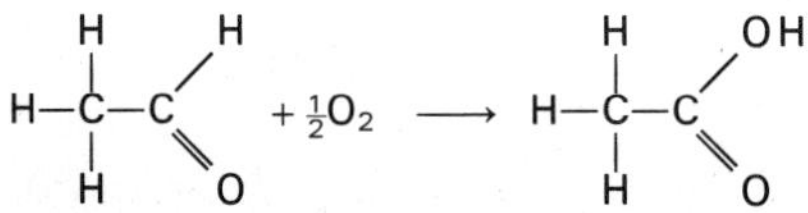

Ethanal Ethansäure

*159.* Die funktionelle Gruppe der Carbonsäuren ist die Carboxylgruppe

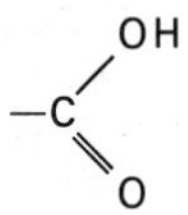

*160.* Der Säurecharakter der Carbonsäuren ergibt sich aus der Besonderheit der Carboxylgruppe. Durch die Wirkung des benachbarten doppelt gebundenen Sauerstoffs am gleichen Kohlenstoffatom ist die O–H-Bindung in der Carboxylgruppe stark polar. Der Wasserstoff aus der Carboxylgruppe kann deshalb leicht als Proton abgegeben werden.

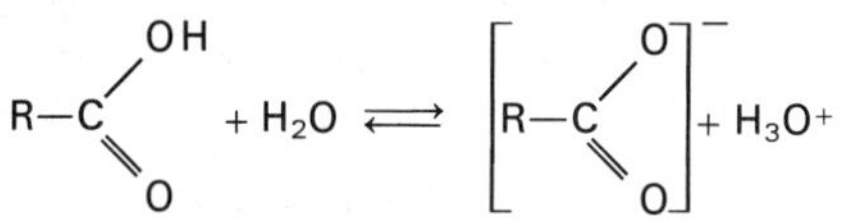

Carbonsäure Carbonsäureion Oxoniumion

*161.* Carbonsäuren mit nur einer Carboxylgruppe nennt man Monoalkansäuren. Ihre allgemeine Summenformel lautet $C_nH_{2n+1}COOH$.

*162.* Die Bezeichnungen Ameisensäure, Essigsäure und Buttersäure sind Trivialnamen. Ihre exakten chemischen Namen sind Methansäure, Ethansäure und Butansäure.

*163.* Hexadecansäure und Octadecansäure sind wichtige Bausteine der Fette. Ihre Trivialnamen lauten Palmitinsäure und Stearinsäure.

*164.* Kurzkettige Carbonsäuren sind aufgrund des hydrophilen Charakters der Carboxylgruppe gut wasserlöslich. Mit länger werdender Kohlenwasserstoffkette überwiegt deren hydrophober Charakter, sodaß die Wasserlöslichkeit der Carbonsäuren mit wachsender Kettenlänge immer mehr abnimmt.

*165.* Die Trivialnamen der Natriumsalze der ersten 4 Glieder aus der homologen Reihe der Monoalkansäuren lauten Natriumformiat, Natriumacetat, Natriumpropionat und Natriumbutyrat.
Ihre exakten Bezeichnungen lauten in gleicher Reihenfolge: Natriummethanat, Natriumethanat, Natriumpropanat und Natriumbutanat.

*166.* Die Kohlenwasserstoffreste gesättigter Carbonsäuren leiten sich von gesättigten Kohlenwasserstoffen ab. Ungesättigte Carbonsäuren haben in ihren Kohlenwasserstoffresten eine oder mehrere Mehrfachbindungen. Sie leiten sich also von ungesättigten Kohlenwasserstoffen ab.

*167.* Beispiele für ungesättigte Monocarbonsäuren sind:

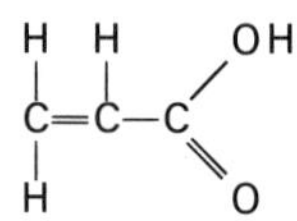

Acrylsäure (Propensäure)

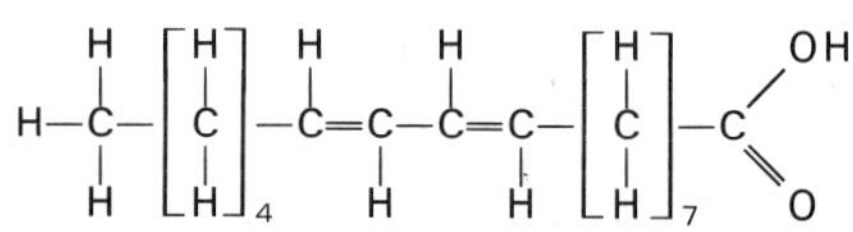

Linolsäure

*168.* Die Doppelbindung in einer ungesättigten Carbonsäure kann leicht durch Addition von Brom nachgewiesen werden. Schüttelt man z. B. Acrylsäure mit Bromwasser, so wird das Bromwasser (braun) entfärbt.

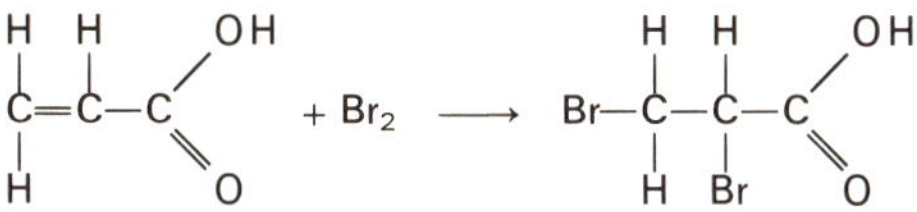

*169.* Ungesättigte Carbonsäuren haben einen deutlich niedrigeren Schmelzpunkt als gesättigte Carbonsäuren mit der gleichen Anzahl von Kohlenstoffatomen.

*170.* Einige kettenförmige gesättigte und ungesättigte Monocarbonsäuren sind Bausteine von Fetten. Man bezeichnet deshalb alle Monocarbonsäuren mit kettenförmigen Kohlenwasserstoffresten als Fettsäuren.

*171.* Manche Fettsäuren sind für den menschlichen Organismus unentbehrlich, können aber im Körper nicht synthetisiert werden und müssen deshalb mit der Nahrung aufgenommen werden. Solche Fettsäuren nennt man essentielle Fettsäuren.

*172.* Die chemische Formel für Magnesiumformiat ist $(HCOO)_2Mg$. Der exakte Name lautet Magnesiummethanat.

*173.* Die Ameisensäure nimmt unter allen Monoalkansäuren eine Sonderstellung ein. Sie enthält sowohl die Carboxylgruppe als auch die Aldehydgruppe. Ameisensäure ist also Säure und Aldehyd zugleich. (Siehe Abb. 13)

*174.* Die Silberspiegelprobe mit Methansäure fällt positiv aus. Ameisensäure reagiert hier wie ein Aldehyd. Sie wird zur Kohlensäure oxidiert. Diese zerfällt jedoch sofort in Kohlendioxid und Wasser.

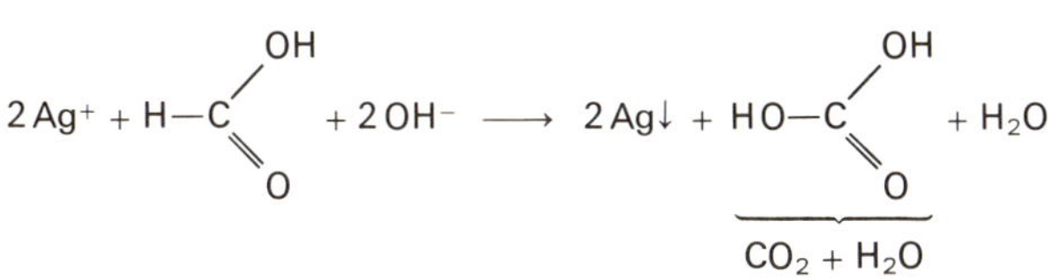

*175.* Gibt man reine Essigsäure in Wasser, so bilden sich in einer Gleichgewichtsreaktion hydratisierte Acetationen und hydratisierte Protonen.

$$CH_3COOH \overset{H_2O}{\rightleftharpoons} [CH_3COO]^-_{aq} + [H^+]_{aq}$$

*176.* Eisessig ist wasserfreie Essigsäure. Sie erstarrt bei +17 °C zu eisähnlichen Kristallen.

*177.* Speiseessig ist eine Lösung von Essigsäure in Wasser mit einem Gehalt von 5–10% Essigsäure. Essigessenz ist hochprozentige Essigsäure (bis 80%). Durch richtige Verdünnung mit Wasser kann aus Essigessenz Speiseessig hergestellt werden.

*178.* Beim Sauerwerden des Weines wird der Alkohol im Wein durch den Luftsauerstoff zu Essigsäure oxidiert. Aus Wein wird so Weinessig. Der Vorgang wird durch Enzyme der Essigbakterien beschleunigt.

$$\underset{\text{Alkohol}}{CH_3CH_2OH} + O_2 \longrightarrow \underset{\text{Essigsäure}}{CH_3COOH} + H_2O$$

*179.* Beim Schnellessigverfahren sprüht man wässerige Lösungen mit 5–10% Alkoholgehalt über Buchenholzspäne, die mit Essigbakterien geimpft sind. Gleichzeitig bläst man von unten erwärmte Luft entgegen (ca. 30 °C). Auf diese Weise wird der Alkohol verhältnismäßig schnell mit dem Luftsauerstoff zu Essig oxidiert.

*180.* Carbonsäuren mit zwei Carboxylgruppen im Molekül nennt man Dicarbonsäuren. Eine bekannte Dicarbonsäure ist die Oxalsäure (Ethandisäure).

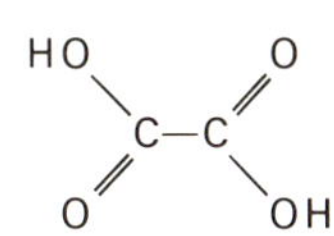

# 17. Lösungen zu den Übungsaufgaben

*181.* Oxalsäure ist eine zweiprotonige Säure, es leiten sich deshalb von ihr zwei Reihen von Salzen ab, die Hydrogenoxalate und die Oxalate.

Beispiele:

NaOOC – COOH Natriumhydrogenoxalat
NaOOC – COONa Natriumoxalat

*182.* Benzoesäure ist der Trivialname für die Benzolcarbonsäure.

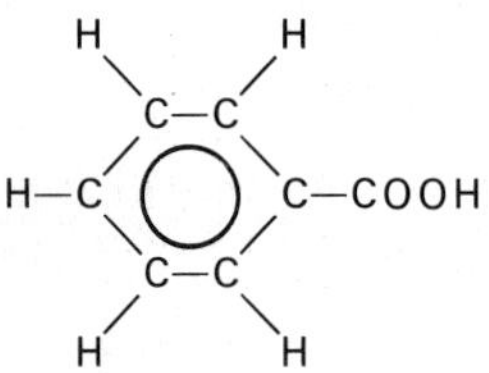

Sie ist die einfachste „aromatische" Monocarbonsäure.

*183.* Benzoesäure wirkt auf Mikroorganismen stark giftig. In geringen Mengen ist sie für den Menschen unschädlich, deshalb wird sie als Konservierungsstoff für Lebensmittel verwendet.

*184.* Läßt man auf einen Alkohol eine Säure einwirken, so bildet sich in einer Gleichgewichtsreaktion ein Ester.

Alkohol + Säure $\rightleftharpoons$ Ester + Wasser

Die Hinreaktion heißt Veresterung, die Rückreaktion nennt man Verseifung.

*185.* Bilden sich bei einer chemischen Gleichgewichtsreaktion so viele Reaktionsprodukte, wie gleichzeitig wieder in der Rückreaktion in die Ausgangsstoffe umgewandelt werden, so scheint die Reaktion nach außen hin zum Stillstand gekommen zu sein. In Wirklichkeit handelt es sich aber um ein dynamisches Gleichgewicht, weil sich ständig neue Reaktionsprodukte bilden, gleichzeitig aber gleichviele Reaktionsprodukte wieder in ihre Ausgangsstoffe zurückgebildet werden.

*186.* Bei der Reaktion von Ethanol mit Ethansäure bildet sich in einer Gleichgewichtsreaktion Ethylethanat (Essigsäureethylester) und Wasser.

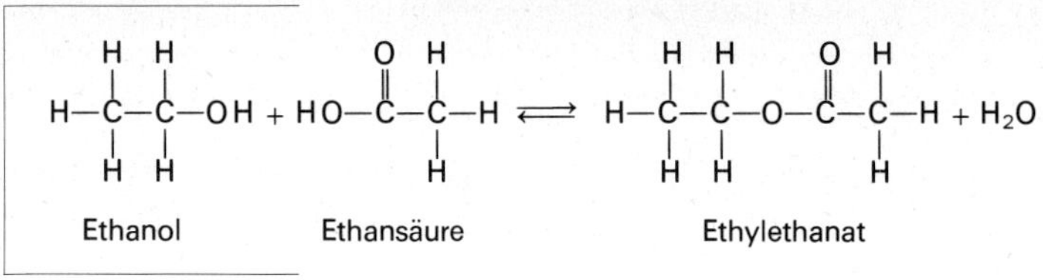


*187.* Bei der Bildung von Essigsäureethylester aus Essigsäure und Ethylalkohol handelt es sich um eine Gleichgewichtsreaktion. Um eine hohe Esterausbeute zu erreichen, muß man dafür sorgen, daß die Rückreaktion nicht, oder nur in geringem Maße stattfindet. Dies kann z. B. dadurch erreicht werden, daß man den entstehenden Essigsäureethylester laufend aus dem Reaktionsgemisch abdestilliert.

*188.* In der Chemie versteht man unter Kondensation einen bestimmten Reaktionstyp. Man spricht dann von Kondensation, wenn sich zwei oder mehrere Moleküle vereinigen und bei dieser Reaktion ein aus wenigen Atomen bestehendes Molekül wie z. B. $H_2O$ abgespalten wird.

*189.* Verseifung ist die Rückreaktion des Veresterungsvorganges. Bei einer Verseifung bilden sich aus Ester und Wasser die dem Ester zugrundeliegende Säure und der zugrundeliegende Alkohol.

# Lösungen

*190.* Bei der Reaktion des dreiwertigen Alkohols Glycerin mit Salpetersäure entsteht Trisalpetersäureglycerinester („Nitroglycerin") und Wasser.

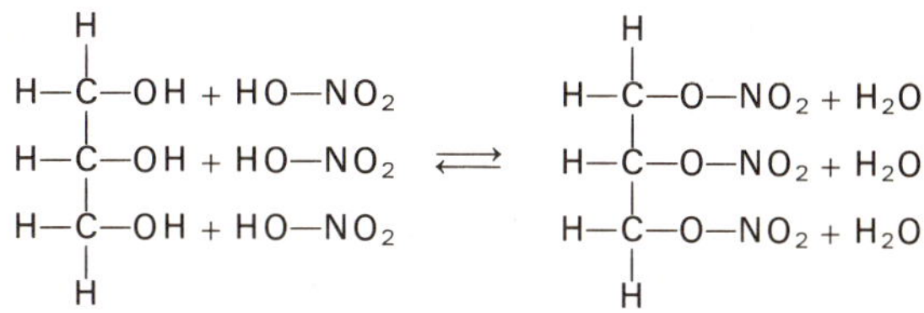

Glycerin + 3 Salpetersäure ⇌ Trisalpetersäure-glycerinester + 3 Wasser

*191.* Der exacte Name für Nitroglycerin lautet:
Propan-1,2,3-trioltrinitrat

*192.* Nitroglycerin ist ein Sprengstoff, weil es im Molekül gleichzeitig reduzierende und oxidierende Teile enthält. Bei einer innermolekularen Redoxreaktion entstehen unter starker Wärmeentwicklung lauter gasförmige Reaktionsprodukte (z. B. $CO_2$, $H_2O$, $N_2$) die ein großes Volumen einnehmen. Diese plötzliche Volumenausdehnung bewirkt die Sprengwirkung des Nitroglycerins.

*193.* Fette sind Ester aus langkettigen Fettsäuren und Glycerin (Fettsäureglycerinester). Man nennt sie auch Glyceride.

*194.* Fette sind wegen ihres hohen Energiegehalts (38 kJ/g) wichtige Energiespeicher und Energiespender im Tier- und Pflanzenreich.

*195.* In einem typischen Fettmolekül sind z. B. Palmitinsäure, Ölsäure und Stearinsäure mit Glycerin verestert.

*196.* Natürliche Fette haben keinen genau festlegbaren Schmelzpunkt, weil sie immer aus einem Gemisch verschiedener Glycerinester bestehen.

*197.* Der Schmelzbereich von Fetten hängt u.a. von ihrem Gehalt an ungesättigten Fettsäuren ab. Der Schmelzbereich liegt umso niedriger, je höher der Gehalt an ungesättigten Fettsäuren ist.

*198.* Fette Öle sind Glycerinester mit einem hohen Gehalt an einfach oder mehrfach ungesättigten Fettsäuren. Es sind Fette, die bei Zimmertemperatur flüssig sind. Mineralöle dagegen bestehen aus einem Gemisch verschiedener flüssiger Kohlenwasserstoffe.

*199.* Wegen ihrer langen hydrophoben (wasserfeindlichen) Kohlenwasserstoffketten sind Fette in Wasser unlöslich.

*200.* Flüssigkeiten, deren Moleküle unpolar sind, eignen sich gut als Lösungsmittel für Fette. Unpolare Lösungsmittel wie z. B. Benzin sind lipophil (fettfreundlich).

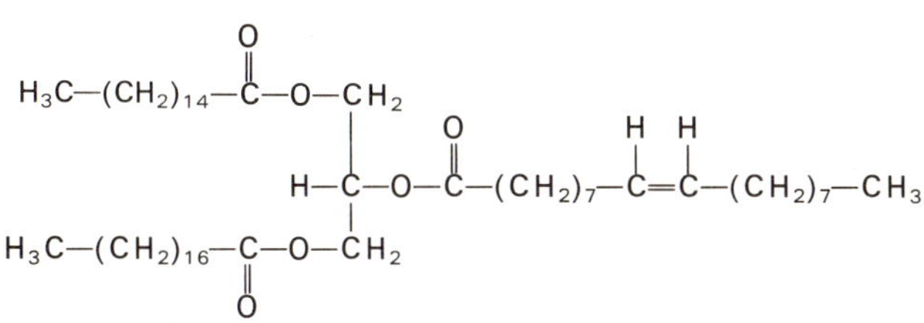

# 17. Lösungen zu den Übungsaufgaben

*201.* Fettbrände können nicht mit Wasser gelöscht werden, weil Fette leichter als Wasser und wasserunlöslich sind. Brennendes Fett schwimmt auf dem Wasser.

*202.* Beim „Ranzigwerden" erfolgt eine hydrolytische Spaltung (Verseifung) der Fette mit Wasser. Manche der dabei freiwerdenden Fettsäuren haben einen unangenehmen (ranzigen) Geruch.

*203.* Durch Addition von Wasserstoff an die Doppelbindungen zwischen den Kohlenstoffatomen der ungesättigten Fettsäuren fetter Öle können die Fettsäuren gesättigt werden. Aus flüssigen Fetten werden so feste Fette. In der Praxis erfolgt diese „Fetthärtung" bei hohem Druck unter dem Einfluß von Katalysatoren. Durch geeignete Reaktionsbedingungen erreicht man, daß nur ein Teil der Doppelbindungen abgesättigt wird (selektive Härtung), weil in guten Speisefetten ungesättigte Fettsäuren enthalten sein sollen. Ungesättigte Fettsäuren sind lebensnotwendig (essentiell).

*204.* Avitaminosen sind Krankheiten, die sich auf einen Mangel an Vitaminen zurückführen lassen.

*205.* Gute Margarine ist eine Emulsion teilgehärteter Fette in Magermilch und Wasser mit einem Zusatz der Vitamine A, D, E und F.

*206.* Die Jodzahl gibt den Gehalt eines Speisefetts an ungesättigten Anteilen an. Sie nennt die Menge an elementarem Jod, die von 100 g Fett addiert werden.

*207.* Essentielle Fettsäuren sind für den Organismus lebenswichtig. Sie können aber nicht vom Körper selbst aufgebaut werden und müssen deshalb mit der Nahrung aufgenommen werden.

*208.* Margarine kann mit Hilfe der Jod-Stärke-Reaktion von echter Butter unterschieden werden. Margarine muß nämlich laut Gesetz 0,2% Kartoffelstärke enthalten.

*209.* Seifen sind Salze langkettiger Fettsäuren.

*210.* Seife wird durch Kochen von Fetten mit Alkalilaugen (Natronlauge oder Kalilauge) hergestellt. Dabei erfolgt eine hydrolytische Aufspaltung der Fette in die Alkalisalze der Fettsäuren (Seifen) und Glycerin.

*211.* Verwendet man beim „Seifensieden" Kalilauge, so erhält man weiche Seifen (Schmierseifen). Bei der Verwendung von Natronlauge entstehen vorwiegend feste Seifen (Kernseifen).

*212.* Reines Wasser kann nur wasserlöslichen Schmutz entfernen. Wasser ist lipophob, es kann deshalb fettigen Schmutz nicht ablösen. Wasser kann außerdem wegen seiner großen Oberflächenspannung nur schwer in Textilien eindringen und sich zwischen Schmutz und Unterlage schieben.

*213.* Die Oberflächenspannung einer Flüssigkeit ergibt sich aus der Kraft, mit der sich ihre Moleküle gegenseitig anziehen. Die Moleküle an der Oberfläche einer Flüssigkeit werden nur nach innen gezogen. Je nach der Größe dieser Kräfte scheint jede Flüssigkeit von einer mehr oder weniger starken unsichtbaren Haut umgeben zu sein.

*214.* Wassermoleküle sind ausgeprägte Dipole, die sich gegenseitig stark anziehen. Die Oberflächenspannung des Wassers ist deshalb groß. Die Kohlenwasserstoffmoleküle im Benzin sind unpolar, sie werden nur durch die schwachen VAN DER WAALSschen Kräfte angezogen. Benzin hat deshalb nur eine geringe Oberflächenspannung.

*215.* Die Waschwirkung der Seife ist auf den besonderen Bau des Seifenanions zurückzuführen. Das langgestreckte Teilchen hat zwei völlig unterschiedlich geartete Enden. Das eine Ende ist hydrophob und lipophil, denn es besteht aus einem langen, unpolaren Kohlenwasserstoffrest, das andere Ende besteht aus der stark polaren hydrophilen und lipophoben Carboxylgruppe. (Siehe Abb. 15).

*216.* Löst man Seife in Wasser, so sammelt sich ein Teil der Seifenanionen an der Wasseroberfläche an. Das hydrophile Ende dieser Seifenteilchen wird in das Wasser hineingezogen. Der hydrophobe Teil wird jedoch aus dem Wasser herausgedrängt. Die Oberfläche dieser Seifenlösung besteht also zum größten Teil aus Kohlenwasserstoffresten, die aus der Flüssigkeit herausragen. Diese unpolaren Kohlenwasserstoffreste ziehen sich nun wesentlich schwächer an als die polaren Wassermoleküle. Seifenlösung hat deswegen eine erheblich geringere Oberflächenspannung als reines Wasser.

*217.* Seifenmicellen sind Ansammlungen mehrerer Seifenanionen im Innern einer Seifenlösung. Dabei sind die hydrophilen Enden den sie umgebenden Wasserdipolen zugekehrt, die hydrophoben Enden sind in das Innere der Seifenmicelle gerichtet. (Siehe Abb. 17).

*218.* Wasser ist wegen seiner großen Oberflächenspannung wie von einer unsichtbaren Haut umgeben. Kleine Gegenstände wie z. B. Büroklammern, Nähnadeln und andere Metallgegenstände werden von dieser „Haut" getragen und schwimmen deshalb auf dem Wasser, obwohl sie schwerer als Wasser sind.

*219.* Fettiger Schmutz ist hydrophob, er kann deshalb mit Wasser nicht benetzt werden. In einer Seifenlösung jedoch dringen die lipophilen Enden der Seifenteilchen in den Schmutz ein. Dadurch wird ein Kontakt zwischen Wasser und fettigem Schmutz hergestellt, der Schmutz wird jetzt benetzt.

*220.* Die Schmutz- und Fetteilchen sind in einer Seifenlösung von Seifenanionen umgeben, wobei die hydrophilen, negativ geladenen Carboxylgruppen aus den Schmutzteilchen herausragen. Alle fettigen Teilchen sind im Seifenwasser also von einer negativ geladenen hydrophilen Schicht umgeben. Wegen dieser Ladung werden die einzelnen Fetteilchen voneinander abgestoßen, sie verteilen sich gleichmäßig im Wasser und bilden so eine Emulsion.

*221.* In Seifenlösungen erfolgt ein Protonenübergang vom Wasser auf Seifenanionen, wobei wasserunlösliche Fettsäuren und Hydroxidionen entstehen. Die Seifenlösung zeigt wegen dieser Hydroxidionen alkalische Reaktion.

$$C_{15}H_{31}COO^-_{aq} + Na^+_{aq} + H_2O \rightleftharpoons C_{15}H_{31}COOH + Na^+_{aq} + OH^-_{aq}$$

*222.* Säuert man eine Seifenlösung an, so bilden sich dicke Flocken von wasserunlöslichen Fettsäuren

$$C_{15}H_{31}COO^-_{aq} + Na^+_{aq} + \underbrace{H^+_{aq} + Cl^-_{aq}}_{\text{Säure}} \longrightarrow C_{15}H_{31}COOH\downarrow + Na^+_{aq} + Cl^-_{aq}$$

In saurer Lösung verliert daher Seife ihre Waschwirkung.

*223.* Hartes Wasser enthält vor allem Calcium- und Magnesiumionen. Diese bilden mit Seifenanionen unlösliche Salze (Kalkseifen). Seife verliert so ihre Waschwirkung, außerdem wird die Wäsche durch die sich ablagernden Kalkseifen verkrustet und vergraut.

# 17. Lösungen zu den Übungsaufgaben

*224.* Die Vorteile der Seife als Waschmittel ergeben sich aus ihrer Fähigkeit, die Oberflächenspannung des Wassers herabzusetzen, fettigen Schmutz zu benetzen und Fette zu emulgieren. Nachteile der Seife sind ihre stark alkalische Reaktion in Wasser, ihre Säureempfindlichkeit und die Bildung unlöslicher Kalkseifen in hartem Wasser.

*225.* Moderne waschaktive Substanzen enthalten in ihren Molekülen an Stelle der Carboxylgruppe andere hydrophile Gruppen, die die Nachteile der Carboxylgruppe nicht aufweisen.

*226.* Detergentien sind synthetische, oberflächenaktive, aber seifenfreie Substanzen.

*227.* Tenside, deren hydrophober Teil aus verzweigten Kohlenwasserstoffketten besteht, sind biologisch schwer abbaubar, vor allem quartäre Kohlenstoffatome sind für eine biologische Oxidation unzugänglich. Solche Tenside sind deshalb besonders umweltbelastend.

*228.* Ein Kohlenstoffatom, das direkt mit 4 weiteren Kohlenstoffatomen verbunden ist, nennt man ein quartäres Kohlenstoffatom.

*229.* Ein modernes Vollwaschmittel enthält als Hauptbestandteile neben Tensiden vor allem Bleichmittel (Perborate), pH-Regulatoren (z. B. Soda), optische Aufheller, Enzyme, Duftstoffe und große Mengen Enthärter (Polyphosphate).

*230.* Polyphosphate, z. B. $Na_5P_3O_{10}$ bilden mit Metallionen wasserlösliche Komplexverbindungen. Dadurch wird der Nachteil des harten Wassers beim Waschvorgang aufgehoben. Moderne Waschmittel enthalten deshalb große Mengen an Polyphosphaten.

*231.* Polyphosphate wirken als Düngemittel. Durch polyphosphathaltige Waschmittelrückstände werden Flüsse und Seen überdüngt. Die Folge dieser Eutrophierung ist unmäßiges Wachstum von Algen und anderen Wasserpflanzen. Absterbende Pflanzenteile verfaulen und verbrauchen dadurch den in den Gewässern gelösten Sauerstoff, der für die im Wasser lebenden Tiere lebensnotwendig ist. So können ganze Seen absterben.

*232.* Der hohe Phosphatgehalt vieler Gewässer stammt etwa zu 1/3 aus Waschmitteln, ein weiteres Drittel wird mit Fäkalien eingeschwemmt und der Rest ist auf Bodenerosion, vor allem auf die Ausschwemmung von Düngemitteln zurückzuführen.

*233.* Aminosäuren sind substituierte Carbonsäuren. Im Kohlenwasserstoffrest einer Carbonsäure tritt an die Stelle eines oder mehrerer Wasserstoffatome jeweils eine Aminogruppe $-NH_2$.

*234.* Die Strukturformel der $\beta$-Aminopropionsäure lautet:

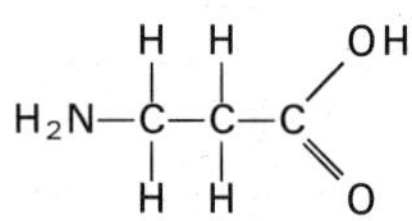


*235.* Die charakteristischen Eigenschaften der Aminosäuren ergeben sich daraus, daß sie zwei verschiedene funktionelle Gruppen enthalten. Die Carboxylgruppe ist ein Protonenspender (Säure) und die Aminogruppe ein Protonenempfänger (Base). Aminosäuren zeigen also sowohl Säure- als auch Baseeigenschaften.

*236.* Die Aussage „Aminosäuren sind amphoter" bedeutet, daß Aminosäuren sowohl als Säure als auch als Base wirken können.

# Lösungen

*237.* Gibt man zu einer Lösung von Aminoessigsäure Natronlauge, so tritt eine Neutralisationsreaktion ein.

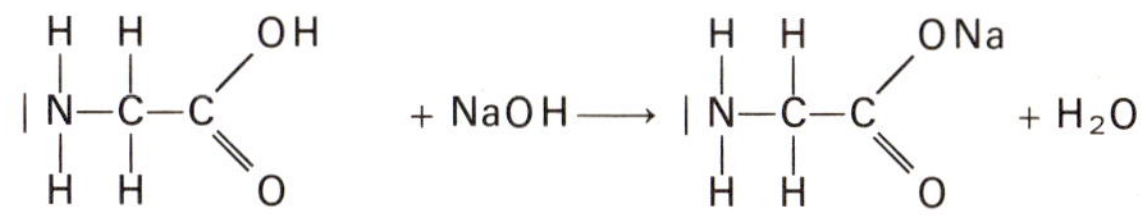

*238.* Gibt man zu einer Lösung von Aminoessigsäure Salzsäure, so tritt ebenfalls (siehe Antwort zu Frage *237*) eine Neutralisation ein:

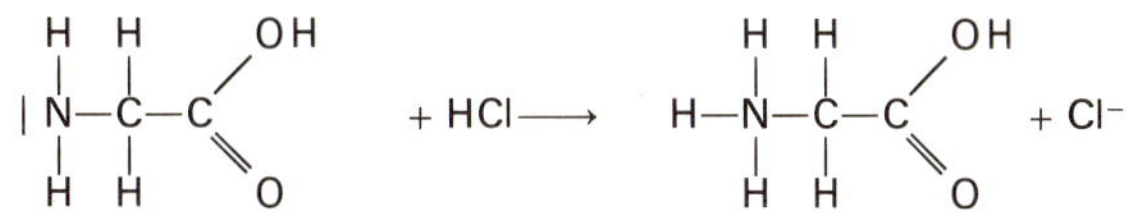

*239.* Zwitterionen tragen sowohl eine positive als auch eine negative Ladung. Durch innermolekulare Neutralisation bilden Aminosäuren Zwitterionen.

Beispiel:

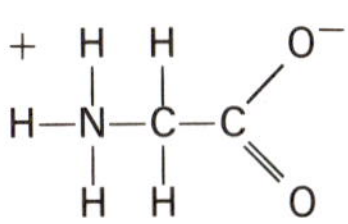

Zwitterion der Aminoessigsäure

*240.* Taucht man Elektroden in eine Aminoessigsäurelösung und legt eine Gleichspannung an, so ist keine elektrische Leitfähigkeit festzustellen. Da die in der Lösung enthaltenen Ionen sowohl eine negative, als auch eine positive Ladung tragen (Zwitterionen), kommt es zu keiner Ionenwanderung und damit auch zu keinem Ladungstransport. Die Zwitterionen werden im elektrischen Feld lediglich ausgerichtet.

*241.* Aminosäuren spielen eine entscheidende Rolle in der belebten Natur.
Ca. 20 $\alpha$-Aminosäuren bilden die Grundbausteine aller natürlichen Eiweißstoffe.

*242.* Aminosäuren, die vom menschlichen Körper gebraucht, aber von diesem nicht synthetisiert werden können, müssen mit der Nahrung aufgenommen werden. Man nennt sie essentielle Aminosäuren.

*243.* Die Bezeichnungen Gly, Val und Cys sind die Abkürzungen für Glycin, Valin und Cystein. Das sind Trivialnamen wichtiger Aminosäuren.

*244.* Aminosäuren sind bifunktionell, weil sie sowohl an der Carboxylgruppe als auch an der Aminogruppe reagieren können.

*245.* Zwei $\alpha$-Aminosäuren reagieren miteinander unter Wasserabspaltung. Der Reaktionstyp ist deshalb eine Kondensation. Es entsteht ein Dipeptid.

*246.* Eine Peptidbindung entsteht bei der Verknüpfung zweier Aminosäuren.

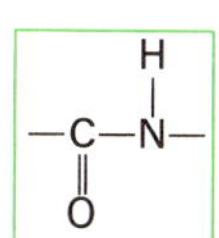

Peptidbindung

*247.* Oligopeptide sind Verknüpfungen von bis zu 10 Aminosäuren.

# 17. Lösungen zu den Übungsaufgaben

*248.* Aminosäuren können sich wegen ihres bifunktionellen Charakters zu Makromolekülen zusammenlagern (Polykondensation).

*250.* Die Molekülmasse von Eiweißstoffen ist extrem groß. Sie liegt je nach Art des Proteins zwischen 10 000 und mehreren Millionen u.

*249.* In Eiweißmolekülen sind viele Aminosäuren über Peptidbindungen zu Makromolekülen verbunden.
Charakteristisch sind die in regelmäßigen Abständen auftretenden Peptidbindungen. $R_1$, $R_2$, $R_3$ und $R_4$ symbolisieren verschiedene organische Reste.

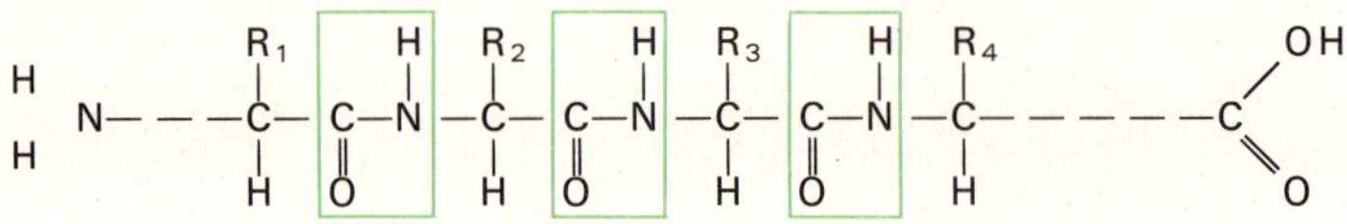

*251.* Die natürlichen Eiweißstoffe sind aus etwa 20 verschiedenen Aminosäuren aufgebaut. Bildet man eine Peptidkette, bei der jede Aminosäure nur einmal vorkommt, so ergeben sich schon hier eine Riesenanzahl von Möglichkeiten, die der Fakultät von 20 entspricht ($20! = 2{,}432902008 \cdot 10^{18}$). Da aber Eiweißstoffe aus mehreren Tausend Aminosäuren aufgebaut sind, ist die Anzahl der möglichen Sequenzen unvorstellbar groß.

*252.* Der Ausschnitt

– Ser – Ser – Leu – Leu –

aus einer Polypeptidkette kann wie folgt variiert werden:

– Ser – Ser – Leu – Leu –
– Ser – Leu – Leu – Ser –
– Leu – Ser – Ser – Leu –
– Ser – Leu – Ser – Leu –
– Leu – Leu – Ser – Ser –
– Leu – Ser – Leu – Ser –

*253.* Vereinigen sich 4 verschiedene Aminosäuren zu einem Tetrapeptid, so ergeben sich $1 \cdot 2 \cdot 3 \cdot 4 = 24$ Möglichkeiten.

*254.* Unter Primärstruktur eines Eiweißstoffes versteht man die Aufeinanderfolge der Aminosäuren (Aminosäurensequenz).

*255.* Die langkettigen Polypeptide bilden häufig Spiralen, wobei diese durch Wasserstoffbrückenbindungen zwischen den verschiedenen Peptidbindungen gefestigt werden. (Siehe Abb. 24).

*256.* Durch Wasserstoffbrücken zwischen Peptidbindungen benachbarter Eiweißmoleküle ordnen sich viele Eiweißmoleküle nebeneinanderliegend in einer Fläche an. Flächen dieser Art sind jedoch nicht eben, sondern ähnlich wie ein mehrfach gefaltetes Blatt Papier geknickt. Man bezeichnet diese Anordnung von Polypeptiden als die Faltblattstruktur mancher Eiweißstoffe. (Siehe Abb. 25).

*257.* Als Sekundärstruktur bezeichnet man die Helix- bzw. die Faltblattstruktur mancher Eiweißstoffe.

*258.* Außer der Primär- und Sekundärstruktur spricht man bei Eiweißstoffen noch von einer Tertiär- und sogar von einer Quartärstruktur. Als Tertiärstruktur versteht man die günstige räumliche Anordnung von

„Helices" bzw. „Faltblättern" zueinander, die häufig durch Disulfidbrücken miteinander verbunden sind. Mehrere so in Tertiärstruktur vorliegende Peptidketten können zu ganz bestimmten charakteristischen Proteineinheiten zusammengelagert sein. Dies bezeichnet man als Quartärstruktur von Eiweißstoffen.

*259.* Man spricht bei Eiweißstoffen von Denaturierung, wenn ihre Sekundär-, Tertiär- oder Quartärstruktur zerstört wird. Dies kann unter dem Einfluß von Hitze, Säure, Alkohol oder von Schwermetallionen erfolgen. Durch Denaturierung verlieren Eiweißstoffe viele ihrer spezifischen Eigenschaften.

*260.* Beim Denaturierungsvorgang erfolgt häufig eine Ausflockung (Gerinnung) des Eiweißes. Diesen Ausflockungsvorgang bezeichnet man als Koagulation.

*261.* Beim Gerinnen von Milch oder beim Festwerden von Hühnereiweiß beim Erhitzen wird das Eiweiß denaturiert, dabei erfolgt eine Koagulation des Eiweißes.

*262.* Die Biuretreaktion und die Xantoproteinreaktion sind Nachweismöglichkeiten für Eiweißstoffe. Bei der Biuretreaktion bildet das Eiweiß mit Kupfersulfatlösung unter Anwesenheit von Natronlauge in der Wärme eine Violettfärbung.
Bei der Xantoproteinreaktion färbt sich das Eiweiß unter dem Einfluß von konz. Salpetersäure gelb.

*263.* Enzyme, manchmal auch Fermente genannt, sind kompliziert aufgebaute Eiweißstoffe, die als Biokatalysatoren in den Zellen der Lebewesen wichtige Reaktionen katalysieren.

*264.* Bei den relativ niedrigen Temperaturen im Innern der Organismen würden viele lebensnotwendige Reaktionen viel zu langsam ablaufen. Biokatalysatoren (Enzyme) steigern die Reaktionsgeschwindigkeit. Die benötigten Enzyme werden in der Zelle im allgemeinen selbst hergestellt.

*265.* Unter der Wirkungsspezifität von Enzymen versteht man ihre Eigenschaft, nur ganz bestimmte Reaktionsschritte bei biochemischen Prozessen zu katalysieren.
Unter Substratspezifität versteht man die Eigenschaft der Enzyme, ihre Wirkung nur an ganz bestimmten Stoffen (Substraten) zu entfalten.

*266.* Man spricht vom Schlüssel-Schloß-Modell der Enzymwirkung, weil Enzyme nur an einer ganz bestimmten Stelle des Substrates angreifen. Ähnlich, wie man zum Aufsperren eines Schlosses einen ganz bestimmten Schlüssel braucht, so benötigt jedes Substrat sein spezielles Enzym. (Siehe Abb. 26).

*267.* Katalase beschleunigt den Zerfall von Wasserstoffperoxid in lebenden Zellen. In geriebener roher Kartoffel ist viel Katalase enthalten, so daß bei Zugabe von $H_2O_2$ Sauerstoff entweicht. Gibt man jedoch zur rohen geriebenen Kartoffel etwas Kupfersulfatlösung, so wird die Katalase denaturiert und verliert ihre Enzymwirkung. Der Zerfall von Wasserstoffperoxid in Sauerstoff und Wasser wird jetzt nicht mehr katalysiert.

*268.* Enzyme sind Eiweißstoffe. Sie können deshalb unter der Wirkung von Hitze, Säuren, Alkohol und Schwermetallionen denaturiert werden. Die Wirkung der Enzyme wird dadurch blockiert.

*269.* „Biowaschmittel" enthalten Enzyme, die den Abbau von eiweißhaltigen Verschmutzungen (Blut, Fleischsaft, Milch) fördern.

*270.* Enzymhaltige Waschmittel (Biowaschmittel) dürfen nicht zu hoch erhitzt werden (bis 60 °C), weil die Enzyme sonst denaturiert werden und ihre Wirkung verlieren.

*271.* Neben Kohlenstoff enthalten Kohlenhydrate Wasserstoff und Sauerstoff im

# 17. Lösungen zu den Übungsaufgaben

Verhältnis 2:1. Man nahm deshalb lange Zeit an, daß es sich hier um Kohlenstoff handelt, an den Wasser angelagert ist (hydratisierter Kohlenstoff). Heute weiß man, daß diese Stoffe keineswegs Wassermoleküle enthalten. Den Namen hat man jedoch beibehalten.

*272.* Heute versteht man unter Kohlenhydraten die verschiedenen Zuckerarten, oder solche Stoffe, die sich von Zuckern ableiten.

*273.* Saccharide sind Kohlenhydrate. Der Name leitet sich vom lateinischen saccharum (Zucker) ab.

*274.* Traubenzucker (Glucose) hat die Summenformel $C_6H_{12}O_6$. Nach seiner Struktur ist er gleichzeitig ein mehrwertiger Alkohol mit 5 Hydroxylgruppen und ein Aldehyd.

*275.* Glucose und Fructose haben zwar die gleiche Summenformel $C_6H_{12}O_6$, Glucose ist jedoch eine Aldose, denn sie enthält eine Aldehydgruppe; Fructose dagegen ist eine Ketose, denn sie enthält eine Ketogruppe.

*276.* Beim Test mit fuchsinschwefeliger Säure (SCHIFFsches Reagenz) zeigt Glucose keine Aldehydreaktion. Der Grund dafür ist, daß Glucose zum größten Teil nicht in der Aldehydform sondern in einer Ringstruktur vorliegt, bei der die Aldehydgruppe blockiert ist. Die Aldehydform steht mit der Ringstruktur im Gleichgewicht, wobei dieses weitgehend auf der Seite der Ringstruktur liegt.

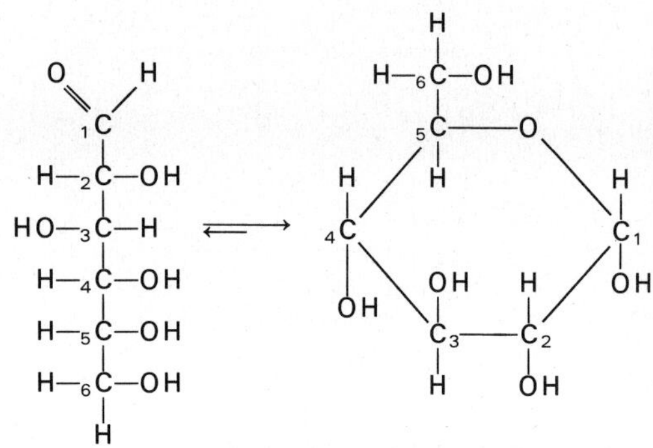

Aldehydform Ringstruktur

*277.* Ketoform und Ringstruktur sind zwei Formen, in denen das Fructosemolekül auftreten kann. Die Ketoform steht im Gleichgewicht mit der Ringstruktur (Fünferring), wobei das Gleichgewicht weitgehend auf der Seite der Ringstruktur liegt.

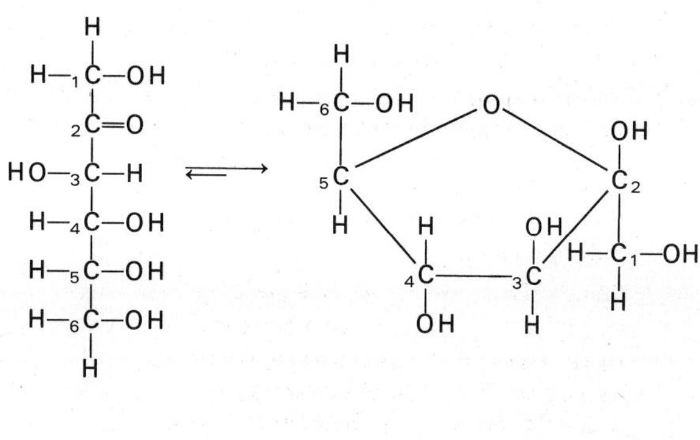

# Lösungen

278. Saccharose ist der bekannte Haushaltszucker. Saccharose ist ein Disaccharid (Zweifachzucker) und ist ein Kondensationsprodukt aus einem Molekül Glucose und einem Molekül Fructose.

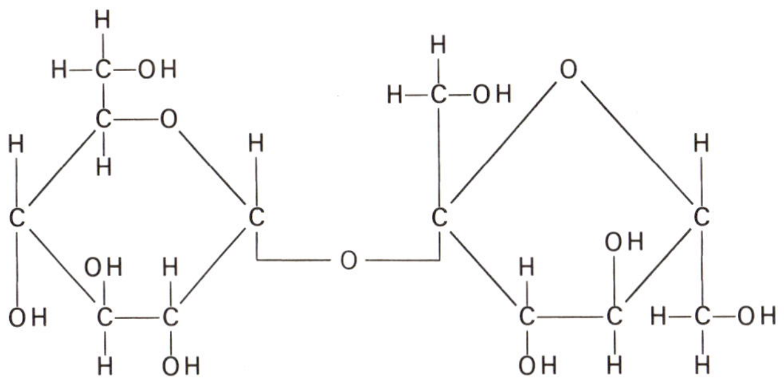

279. Monosaccharide sind Einfachzucker wie z. B. Glucose oder Fructose. Monosaccharide können nicht in einfachere Kohlenhydrate zerlegt werden.

280. Oligosaccharide sind Kohlenhydrate, die aus 2 bis 8 Monosacchariden aufgebaut sind.

281. Polysaccharide bestehen aus Makromolekülen, die aus vielen Monosaccharidbausteinen aufgebaut sind. Die wichtigsten Polysaccharide, nämlich Stärke, Glykogen (tierische Stärke) und Cellulose sind aus Glucoseeinheiten aufgebaut.

282. Der Aufbau von Polysacchariden in Pflanzen verläuft über die Synthese von Glucose aus Kohlendioxid und Wasser unter Mithilfe des Sonnenlichtes als Energiequelle und des Blattgrüns (Chlorophyll) als Katalysator.

$$6\,CO_2 + 6\,H_2O \longrightarrow C_6H_{12}O_6 + 6\,O_2; \quad \Delta H = +3090\,kJ$$

Die bei dieser Photosynthese gewonnene Glucose wird von den Pflanzen zum großen Teil zu Polysacchariden aufgebaut.

283. Die FEHLING-Probe verläuft sowohl mit Glucose und wider Erwarten auch mit Fructose positiv, obwohl Fructose keine Aldehyd-, sondern eine Ketogruppe enthält, Der Grund dafür ist, daß Fructose sich in alkalischer Lösung in Glucose umwandelt. In der stark basischen FEHLINGschen Lösung wandelt sich deshalb ein Teil der Fructose (Ketose) in Glucose (Aldose) um.

284. Haushaltszucker (Saccharose) kann mit Hilfe der FEHLING-Probe von Traubenzucker (Glucose) unterschieden werden. Saccharose reagiert im Gegensatz zu Glucose mit FEHLINGscher-Lösung nicht. In Saccharose sind die funktionellen Gruppen der Glucose und Fructose, die mit dem FEHLINGschen Reagenz reagieren, durch ihre Verknüpfung zum Disaccharid blockiert.

285. Stärke besteht aus Makromolekülen, die aus vielen Glucoseeinheiten aufgebaut sind. Die langen, kettenförmigen Riesenmoleküle sind meistens spiralig angeord-

# 17. Lösungen zu den Übungsaufgaben

net. (Siehe Abb. 27). Stärke reagiert mit FEHLINGscher Lösung nicht, weil bei der Verknüpfung der Glucosebausteine die Aldehydgruppe blockiert wurde.

*286.* Aus Stärke kann durch Hydrolyse Glucose gewonnen werden. Mit $H^+_{aq}$-Ionen wird der Hydrolysevorgang beschleunigt.

$$\underset{\text{Stärke}}{(C_6H_{10}O_5)_n} + n\,H_2O \xrightarrow{[H^+_{aq}]} \underset{\text{Glucose}}{n\,C_6H_{12}O_6}$$

*287.* Stärke kann mit Jod nachgewiesen werden, dabei zeigt sich eine typische Blaufärbung.

*288.* Cellulose ist wie Stärke aus Glucosemolekülen aufgebaut. Der Unterschied besteht darin, daß die Verknüpfung der Monozucker in Cellulose anders ist als in Stärke.

*289.* Holz besteht vor allem aus Cellulose und dem Holzstoff Lignin. Nach Abtrennung des Lignins kann Cellulose in einem Hydrolysevorgang in seine Glucosebausteine aufgespalten werden. Zur „Holzverzuckerung" kocht man Cellulose (aus Holz) längere Zeit mit stark angesäuertem Wasser.

*290.* Cellulose ist ein wichtiger Rohstoff zur Herstellung von Naturfasergeweben, Kunstseide, Papier, Celluloid und Cellophan.

*291.* Die Nahrungsaufnahme bei Lebewesen ist notwendig zur Aufrechterhaltung der Lebensvorgänge. Die Nahrung liefert einerseits die Baustoffe für den Aufbau und die Vermehrung der Körperzellen, andererseits ist die Nahrung ein wichtiger Betriebsstoff zur Energiegewinnung, die bei Bewegungsvorgängen, beim Ablauf biochemischer Prozesse und zur Aufrechterhaltung der Körperwärme benötigt wird.

*292.* Die Hauptbestandteile der menschlichen Nahrung sind Kohlenhydrate, Fette und Eiweißstoffe.

*293.* Bei der Verdauung wird die Nahrung in den Verdauungsorganen soweit chemisch abgebaut, daß sie von den Darmzotten resorbiert werden kann.

*294.* Beim aeroben Abbau wird die von den Darmzotten resorbierte Nahrung in den Körperzellen mit Luftsauerstoff zum Zweck der Energiegewinnung oxidiert. Man nennt diesen Prozess auch Atemvorgang.

*295.* Beim Proteinabbau im menschlichen Körper entstehen als Ausscheidungsprodukte Kohlendioxid, Wasser und Harnstoff ($NH_2-CO-NH_2$).

*296.* Die Verbrennung von Glucose im Körper verläuft in vielen Teilschritten, wobei stufenweise immer neue Stoffe entstehen, die nur um einen kleinen Betrag energieärmer als die vorhergehenden sind. Auf diese Weise erhält der Körper die Energie in kleinen Portionen. Würde Glucose ohne Zwischenstufen oxidiert, dann würde die große, auf einmal freigesetzte Energiemenge die Körperzellen zerstören.

*297.* Beim anaeroben Abbau werden im Organismus energiereiche Stoffe in energieärmere Stoffe ohne die Mitwirkung von Luftsauerstoff abgebaut. Auch bei diesem Vorgang, den man Gärung nennt, wird Betriebsenergie gewonnen.

*298.* Im Muskel wird bei hoher Beanspruchung ein Teil der Glucose anaerob zur Energiegewinnung abgebaut. Dabei wird Glucose unter dem Einfluß von Enzymen zu Milchsäure abgebaut.

$$C_6H_{12}O_6 \xrightarrow{[\text{Enzyme}]} 2\,CH_3CH_2OH-COOH; \quad \Delta H = -92\,kJ$$

Die Milchsäure reichert sich im Muskel an und verursacht den Muskelkater.

*299.* Bei der alkoholischen Gärung wird unter der Wirkung von Enzymen Glucose zu Ethanol und Kohlendioxid abgebaut. Dabei wird Energie frei:

# Lösungen

$$C_6H_{12}O_6 \xrightarrow{[\text{Enzyme}]} 2\,C_2H_5OH + 2\,CO_2; \quad \Delta H = -88\,\text{kJ}$$

*300.* Kohlenstoff und Wasserstoff sind im Benzol im Zahlenverhältnis 6:6 enthalten.

*301.* Unter „Aromaten" versteht man heute alle Verbindungen, die sich ihrem Bindungscharakter nach vom Benzol ableiten lassen.

*302.* Unter der KEKULÉ-Formel versteht man eine Formel für das Benzol, in der die 6 Kohlenstoffatome ringförmig angeordnet sind, wobei sich zwischen den Kohlenstoffatomen Doppelbindungen und Einfachbindungen abwechseln.

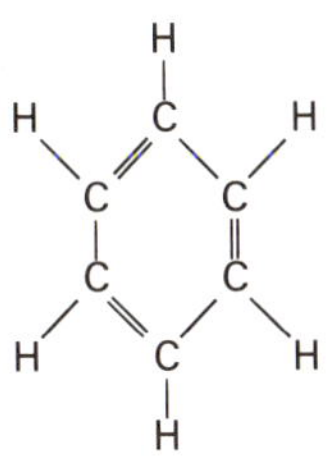

KEKULE- Formel des Benzols

*303.* Heute weiß man, daß der wahre Bindungszustand des Benzols zwischen den zwei möglichen KEKULÉ-Formeln (Grenzformeln) liegt. Man bezeichnet dies als Mesomerie. Ein Doppelpfeil (Mesomeriepfeil) zeigt an, daß zwischen den Grenzstrukturen Mesomerie besteht.

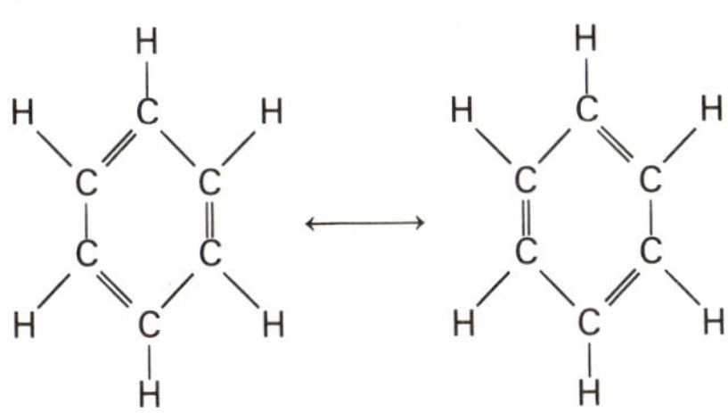

*304.* Benzol liegt nicht als Cyclohexatrien vor. Dagegen spricht, daß bei Zimmertemperatur keine Addition von Brom erfolgt, wie dies bei ungesättigten Verbindungen der Fall ist. Daß im Benzol keine lokalisierten Doppelbindungen vorliegen, zeigt sich auch darin, daß die Bindungsabstände zwischen allen 6 Kohlenstoffatomen gleich groß sind.

*305.* Nach heutiger Vorstellung sind im Benzol die Kohlenstoffatome mit 6 Einfachbindungen in einem ebenen Ring miteinander verknüpft. An jedes Kohlenstoffatom ist mit einer weiteren Einfachbindung je ein Wasserstoffatom gebunden. Hierfür sind insgesamt 12 Elektronenpaare (24 Elektronen) nötig. Da im Benzol aber 30 Bindungselektronen vorhanden sind, verbleiben noch 6 Elektronen. Diese verteilen sich gleichmäßig über den gesamten Kohlenstoffring, ohne einem Kohlenstoffatom allein anzugehören (delokalisierte Elektronen).

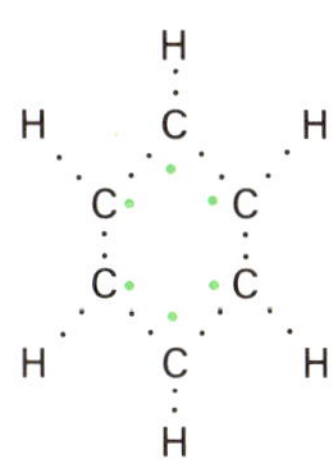

Schreibweise für das Benzol heute:

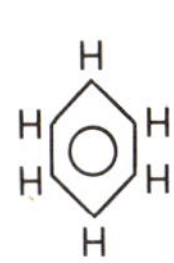

oder noch einfacher

# 17. Lösungen zu den Übungsaufgaben

*306.* Benzol verbrennt an der Luft mit stark rußender Flamme, weil wegen des hohen Kohlenstoffgehalts der Luftsauerstoff nicht ausreicht, um alle Kohlenstoffatome zum $CO_2$ oder CO zu oxidieren.

*307.* Bei der vorsichtigen Oxidation von Toluol entsteht über den Benzylalkohol und den Benzaldehyd die Benzoesäure

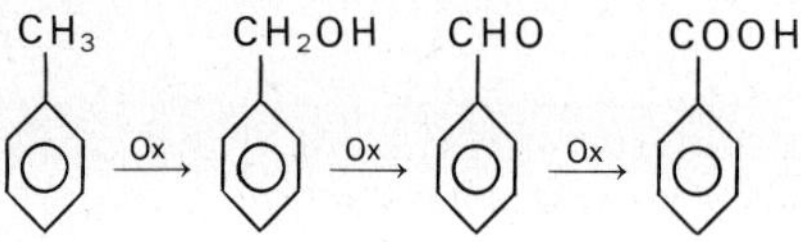


*308.* Eine wässerige Phenollösung reagiert schwach sauer.

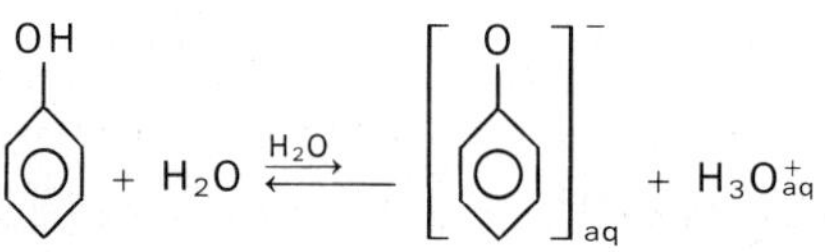


*309.* Die Hydroxylgruppe im Phenol erleichtert weitere Substitutionen am Benzolring.

*310.* Carbolsäure ist eine wässerige Phenollösung, die auch heute noch zur Desinfektion von Krankenzimmern verwendet wird.

*311.* Anilin bildet mit Salzsäure ein Salz, das Phenylammoniumchlorid

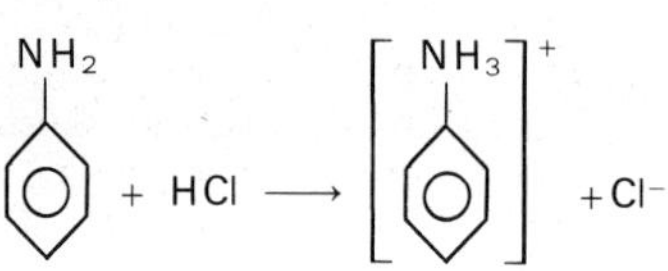


*312.* Gebräuchliche Strukturformeln für Naphtalin sind:

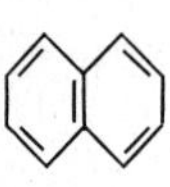 oder 

*313.* Carcinogene Stoffe sind krebsauslösende Stoffe.

*314.* Im Zigarettenrauch ist Benzpyren enthalten, das als besonders krebserregend gilt.

*315.* Die Strukturformeln für 1,2-Dihydroxybenzol, 1,3-Dihydroxybenzol und 1,4-Dihydroxybenzol sind:

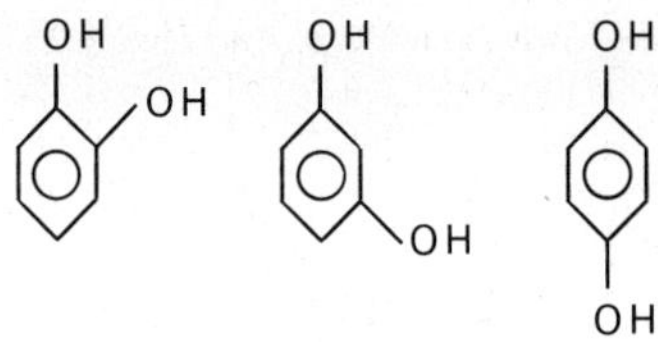


1,2 1,3 1,4

*316.* Kunststoffe sind Werkstoffe, die auf chemischem Weg hergestellt wurden. Es handelt sich dabei um makromolekulare Verbindungen, bei denen Molekularmassen von 200 000 u keine Seltenheit sind.

*317.* Halbsynthetische Kunststoffe werden durch Umwandlung makromolekularer Naturprodukte gewonnen.

*318.* Je nach dem Typ der Verknüpfungsreaktion unterscheidet man bei den vollsynthetischen Kunststoffen Polymerisate, Polykondensate und Polyaddukte.

*319.* Zur Polymerisation sind Moleküle mit Doppelbindungen (ungesättigte Verbindungen) geeignet.

*320.* Die Polymerisation von Ethen oder seinen Abkömmlingen erfolgt häufig nach dem Radikalkettenmechanismus. Dabei wird zu den Monomeren ein Stoff gegeben, der schon bei geringer Energiezufuhr in Radikale zerfällt. Ein solches Radikal lagert sich an einem Monomeren an und entreißt diesem aus der Doppelbindung ein Elektron. Auf diese Weise entsteht ein neues

Radikal, das sich nun wieder an ein Monomeres anlagert und ihm aus der Doppelbindung ein Elektron entreißt. Der Vorgang wiederholt sich immer wieder, so daß allmählich immer längere Moleküle (Makromoleküle) entstehen. Die Reaktion kommt zum Abbruch, wenn zwei Radikale aufeinandertreffen, oder wenn alle Monomere verbraucht sind.

Beispiel: Polymerisation von Vinylchlorid

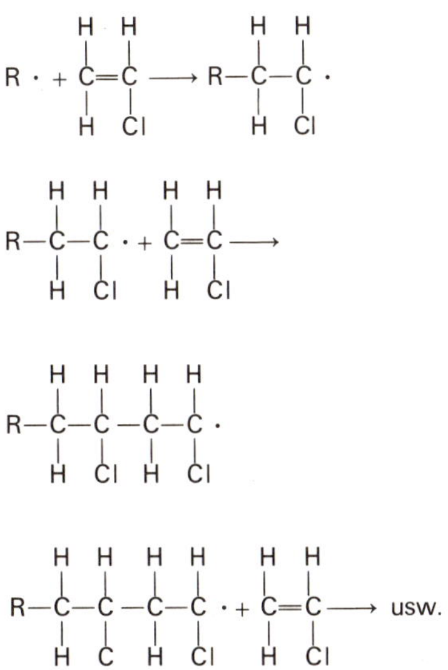


321. Die Ketten eines bestimmten Polymerisates sind immer unterschiedlich lang. Polymerisate haben deshalb auch keinen definierten Schmelzpunkt, sondern nur einen Schmelzbereich. Beim Erhitzen werden diese Kunststoffe allmählich weich, bis sie sich verformen lassen.

322. Thermoplaste sind Kunststoffe, die unter dem Einfluß von Wärme verformt werden können.

323. Mischpolymerisate entstehen, wenn die Polymerisation mit zwei oder mehreren verschiedenen Monomeren durchgeführt wird.

324. Polykondensate sind Makromoleküle aus vielen Monomeren, wobei bei jeder Verknüpfungsreaktion ein einfaches Nebenprodukt (z. B. $H_2O$) abgespalten wird.

325. Damit eine Polykondensation möglich ist, muß jedes Monomere mindestens bifunktionell sein, d. h. es muß mindestens zwei funktionelle Gruppen tragen.

326. Ist bei einer Polykondensation wenigstens eines der eingesetzten Monomeren tri- oder mehrfunktionell, so entstehen räumlich vernetzte Makromoleküle.

327. Polyamide sind Kunststoffe (meist Kunstfasern), in denen in regelmäßigen Abständen die Peptidbindung auftritt, wie sie auch in den Eiweißstoffen vorkommt.

328. Polyamide ähneln in ihrem Aufbau den natürlich vorkommenden Eiweißstoffen.

329. Nylon und andere Polyamide werden im geschmolzenen Zustand durch feine Düsen gepreßt. In den erstarrten Fäden sind die einzelnen langkettigen Makromoleküle ineinander verknäuelt. Übt man auf einen solchen Polyamidfaden einen Zug in Längsrichtung aus, so werden die langkettigen Makromoleküle parallel zur Fadenachse ausgerichtet. Der Faden wird dabei länger, aber auch dünner. Dabei bilden sich zwischen den Sauerstoff- und Wasserstoffatomen der Peptidbindungen benachbarter Polyamidmoleküle Wasserstoffbrückenbindungen aus. Der verstreckte Faden behält so seine Form, er wird zudem erheblich reißfester. Man nennt diesen Vorgang Recken oder Verstrecken.

330. Duroplaste sind Kunststoffe, deren Makromoleküle räumlich vernetzt sind. Duroplaste sind thermisch nicht verformbar.

# 17. Lösungen zu den Übungsaufgaben

Beispiel:

Formelausschnitt aus dem Polykondensat von Phenol und Formaldehyd:

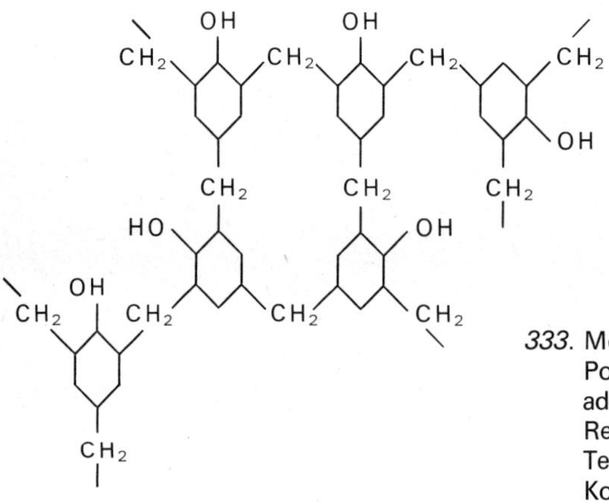

*331.* Unter Polyaddition versteht man die Verknüpfung zwei- oder mehrfunktioneller Monomerer zu Makromolekülen, wobei bei der Verknüpfung keine Nebenprodukte auftreten. Typisch für Polyadditionen ist, daß bei jeder Verknüpfung ein Platzwechsel von Wasserstoffatomen erfolgt.

*332.* Ein Reaktionsbeispiel für eine Polyaddition ist die Bildung von Polyurethan aus Diisocyanaten und Dialkoholen:

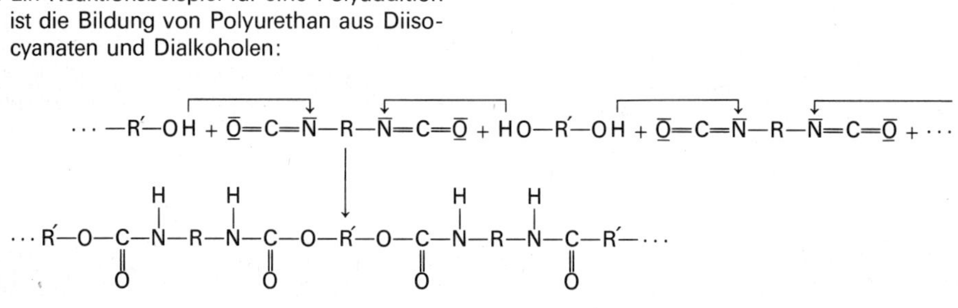

*333.* Moltoprenschaumstoffe sind geschäumte Polyurethane. Gibt man beim Polyadditionsvorgang etwas Wasser zum Reaktionsgemisch, so reagiert ein kleiner Teil der Isocyanate mit dem Wasser, wobei Kohlendioxid entsteht, das den Kunststoff aufschäumt.

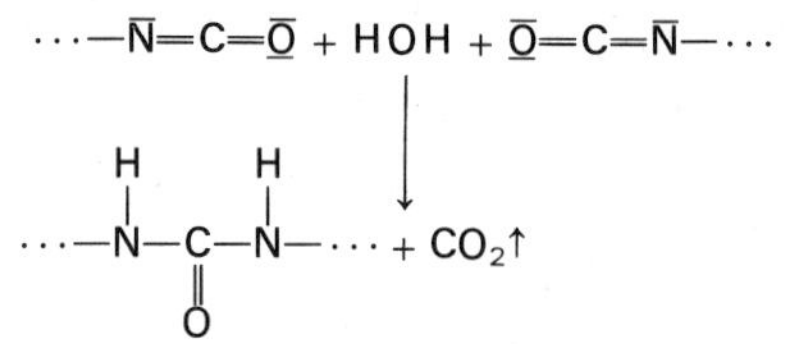

# Stichwortregister

# Stichwortregister

# Stichwortregister

# Stichwortregister